电力系统新技术应用

宋云亭 丁剑 唐晓骏 吉平 等 编著

Application of New Technology
In Power System

中国电力出版社
CHINA ELECTRIC POWER PRESS

内 容 提 要

随着智能电网、通信技术、网络技术的不断发展，许多新技术都在电力系统中得到了实际应用。本书归纳整理了发电、输电、配电、用电、储能各个环节以及电网分析与控制领域的新技术，对这些技术的优缺点、应用情况进行介绍，为读者了解国内外电力系统的新技术应用提供有益借鉴。

本书可供从事电力系统规划、运行、控制及管理工作的工程技术人员学习使用，也可供高校电气工程专业师生和从事电力系统研究工作的人员阅读和参考。

图书在版编目（CIP）数据

电力系统新技术应用/宋云亭等编著 . —北京：中国电力出版社，2018.3（2020.7重印）
ISBN 978-7-5198-1223-2

Ⅰ. ①电… Ⅱ. ①宋… Ⅲ. ①电力系统-新技术应用 Ⅳ. ①TM7-39

中国版本图书馆 CIP 数据核字（2017）第 240914 号

出版发行：中国电力出版社
地　　址：北京市东城区北京站西街 19 号（邮政编码 100005）
网　　址：http://www.cepp.sgcc.com.cn
责任编辑：刘丽平　王蔓莉　　（010-63412791）
责任校对：闫秀英
装帧设计：张俊霞　赵姗姗
责任印制：邹树群

印　　刷：三河市万龙印装有限公司
版　　次：2018 年 3 月第一版
印　　次：2020 年 7 月北京第三次印刷
开　　本：787 毫米×1092 毫米　16 开本
印　　张：12
字　　数：258 千字
印　　数：2001—3000 册
定　　价：50.00 元

《电力系统新技术应用》
编 委 会

前言 »

随着我国电力需求的快速增长以及全国联网战略的实施，我国电网的互联程度不断提高，规模日益扩大。而我国能源和负荷分布不均衡的特点决定了在未来较长的发展时期内，国家电网仍将以大规模电源接入电网、通过特/超高压长距离交直流大规模电力输送为主要特点。如何保证如此大规模巨型电网的安全、可靠、经济、清洁运行将成为我国电力系统未来 20 年面临的关键性和迫切性的问题，其所涉及的技术十分复杂。

随着欧美等主要发达国家对能源供应安全、应对气候变化等重大问题关注度的不断提高，尤其是在金融危机情况下对新技术产业带动作用的期待，近年来智能电网已成为世界范围内的研究热点和关注重点。欧美等发达国家根据各自电网及资源的特点，立足于各种发展动因，相继提出了各自的电网发展战略构想。在这些电网发展目标下，能源结构和相应发电技术以及电力系统的发展将更多地考虑对环境和生态的影响，太阳能、风能等清洁可再生能源将会有更大的发展，所占比例越来越大；新型输电技术和控制技术的应用，使电网的复杂程度日益加剧；信息技术、计算机技术、电子技术、新材料等渗透到电力工业的各个方面，电力系统将进一步提高其可观测性和可控性，也更注重提高电网运行的安全性、经济性和控制的灵活性。所有这一切，在提高电力系统先进性的同时，也对电网相关技术的发展提出了更高的要求。

为了应对上述电网发展面临的挑战，本书总结了电力系统发、输、配、用、储各环节新技术和电网分析与控制领域的新技术及其应用情况。

囿于作者水平，对于书中疏漏和不足之处，恳请广大读者不吝赐教，意见和建议请发送至 songyunting@ tsinghua. org. cn，谢谢！

作　者

2017 年 7 月

于　中国电力科学研究院

目录 »

前言

第一篇 发、输、配、用、储新技术

第二篇 电网分析与控制新技术

第一篇

发、输、配、用、储新技术

1

发电新技术

1.1 风力发电

我国风能资源比较丰富，全国陆上 50m 高度层年平均风功率密度大于等于 $300W/m^2$ 的风能资源理论储量约 73 亿 kW，陆上 80m 高度（风速达到 6.5m/s）的风能资源技术开发量约为 91 亿 kW。我国陆上风能资源丰富区主要分布在东北、内蒙古、华北北部、甘肃酒泉和新疆北部，此外，云贵高原、东南沿海也是风能资源较丰富的地区。近海地区中，台湾海峡风能资源最丰富，其次是广东东部、浙江近海和渤海湾中北部。各区域电网的风能资源储量见表 1-1。

表 1-1 区域电网的风能资源储量表

区域	风能资源储量（万 kW）	
	总储量	技术可开发量
华北电网	109175	16007
东北电网	39918	312
华东电网	11470	688
华中电网	23502	118
西北电网	148685	12350
南方电网	22744	246
西藏电网	77280	—
台湾地区	2235	—

注 数据来源：《国家电网公司促进清洁能源发展研究专题—我国风能资源及风电开发规划研究》。

1.1.1 风力发电的基本原理及相关概念

风力发电是将风力机采集的风能（动能）转换成转动的机械能，再通过传统装置将机械能传递给发电机，最终转化成电能的过程。其基本工作原理是风以一定的速度和角度吹动风力机叶片，使风轮获得旋转力矩并以较低的转速转动，经齿轮箱增速后连接到发电机转子并带动发电机发电，发电机输出端经升压变压器连接到电网中，如图 1-1 所示。

1. 风能

按照空气动力学理论，流动的空气具有动能，其计算公式为：

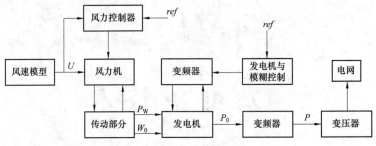

图 1-1 风力发电原理示意图

$$E = \frac{1}{2}mv^2 \tag{1-1}$$

式中，m 为气体的质量，kg；v 为气体的速度，m/s。

考虑单位时间内气流流过截面积为 A 的气体的体积为 V，则该体积的气流所具有的动能就是风能，其表达式为：

$$E = \frac{1}{2}\rho Vv^2 = \frac{1}{2}\rho Av^3 \tag{1-2}$$

式中，ρ 为空气密度，kg/m^3；A 为单位时间内气流流过的截面积（又称扫略面积），m^2；E 为风能，W。

从风能公式可以看出，风能的大小与气流密度和通过的面积成正比，与气流速度的立方成正比。其中 ρ 和 v 会受到地理位置、海拔、地形等因素的影响。

2. 风能的转换效率

依据空气动力学贝兹极限理论，理想情况下，风能转化成机械能的最大效率称为理论风能利用系数，可用式（1-3）表示：

$$\eta_{\max} = \frac{16}{27} \approx 0.593 \tag{1-3}$$

考虑风力机的实际风能利用系数 C_p（又称功率系数）小于 0.593 后，实际的功率输出为：

$$P = \frac{1}{2}C_p\rho Av^3 \tag{1-4}$$

1.1.2 风机类型与基本运行特性

目前，根据各组成部分的结构和工作原理，风电机组通常分为以下几种类型：
固定转速风力发电机——容量相对较小，技术较老；
变速双馈风力发电机——容量较大，当前广泛应用；
变速直驱风力发电机——容量较大，现在开始采用，发展前景良好。

1. 固定转速风力发电机

固定转速风力发电机的基本结构如图 1-2 所示。目前国内外普遍使用的是水平轴、上风向、定桨距（或变桨距）风力机，其有效风速范围约为 3~30m/s，额定风速一般设计为 8~15m/s，风力机的额定转速大约为 20~30r/min。发电机通常采用鼠笼型异步发电机，与系统直接相连。

叶片的安装角度，即桨矩角，一般采用固定的和可调的两种方式。根据桨矩角的调节性能，风力机又可分为被动失速型和主动失速型。

固定转速风力发电机（又称恒速风机）的显著缺点是风速变化时，风能利用系数 C_p 不可能保持在最佳值，因此不能最大限度地捕获风能，风能利用率不

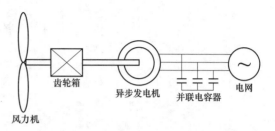

图 1-2　固定转速风电机示意图

高。另外，对恒速风机来说，当风速跃升时风能将通过风力机传递给主轴、齿轮箱和发电机等部件，在这些部件上产生很大的机械应力，如果上述过程频繁出现，会引起这些部件的疲劳损坏。因此设计时不得不加大安全系数，从而导致机组质量加大，制造成本增加。

异步风电发电机组在向系统发出有功功率的同时，需要从系统吸收无功功率，就无功电压特性而言与电动机负荷一致。异步风电机组稳态运行中依赖于系统或风电场内无功补偿装置提供的无功功率，而在电压跌落的暂态过程中会中吸收大量无功功率，进一步恶化系统的无功电压特性。

2. 变速双馈风力发电机

发电机部分采用一般的绕线式异步电机结构，感应发电机的定子绕组直接与系统相连，转子绕组通过背靠背换流器与系统相连。变速双馈风力发电机示意图如图 1-3 所示。

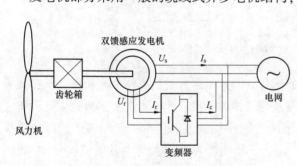

图 1-3　变速双馈风电机组示意图

发电机励磁电源由两个脉冲宽度调制（Pulse Width Modulation，PWM）变频器通过中间直流环节连接而成，由于 PWM 变频器产生的电压与电流能够在四象限内任意控制，因此通过适当控制，双 PWM 变频器既能由转子从电网吸收功率也可以向电网输出功率，即实现能量的双向流动。通过控制换流器可以控制转子电压的幅值和角度，进而控制有功、无功功率。

（1）电网侧 PWM 变频器及其控制策略。电网侧 PWM 变频器通常采用电网电压定向的矢量控制策略，通过控制变频器 d 轴电流来控制输出变频器的有功功率，从而实现中间直流链电压的调节；通过控制变频器 q 轴电流来调节输出的无功功率，实现电网侧变频器功率因数的控制。为了减小变频器运行容量，提高运行效率，通常情况下电网侧变频器被控制在单位功率因数运行，其控制策略框图如图 1-4 所示。

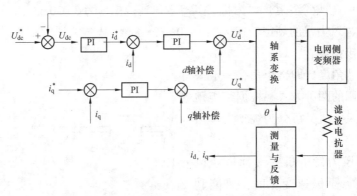

图 1-4 电网侧 PWM 变频器控制策略

（2）转子侧 PWM 变频器及其矢量控制策略。转子侧 PWM 变频器采用定子磁链定向的矢量控制策略，其控制策略框图如图 1-5 所示。控制器采用双闭环结构，内环是相应的转子电流控制环，外环则是定子无功功率与电磁转矩控制环。

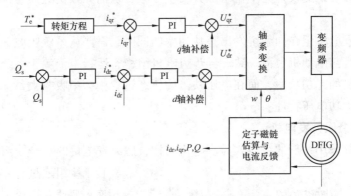

图 1-5 转子侧 PWM 变频器控制策略

双馈感应电机可以在一定范围内变速运行，当异步运行时换流器会有功率（又称滑差功率 P_{rotor}）馈入电机的转子，此功率主要决定于滑差 s 和定子功率 P_{stator}，可近似认为 $P_{\text{rotor}} \approx -sP_{\text{stator}}$。双馈电机变速运行范围主要取决于转子侧变流器容量，例如转子速度可以在额定转速（$-30\% \sim 30\%$）范围内调整，则转子换流器容量也大约为发电机容量的 30%。换流器容量越大，双馈感应电机的变速范围越宽。在次同步条件下，功率从电网侧通过换流器流向转子，即 $P_{\text{rotor}} < 0$；在超同步条件下，功率从转子通过换流器流向电网侧，即 $P_{\text{rotor}} > 0$。因此，换流器的容量与选择调整范围有关。

换流器的引入使得双馈电机的控制能力相比以往的固定转速风机有了很大的提高，双馈风机的性能与变流器控制策略密切相关。当前通用的控制策略是基于定子磁链定向或定子电压定向的矢量控制策略，通过控制转子变流器的电压幅值和相角，可以实现双馈电机的有功功率与无功功率的解耦控制，风电机组在一定范围内发出或吸收无功功率，甚至可以在暂态过程中像常规机组一样提供电压支撑，大幅度改善了并网风电机组的无功电压特性。同时，合适的控制策略还可以为风电机组提供一定的低电压穿越能力。

3. 变速直驱风力发电机

变速直驱风力发电机一般采用多极永磁同步电机，转子为永磁式结构，无需外部提供励磁电源，提高了效率。发电系统中，永磁发电机具有最高的运行效率；永磁发电机的励磁不可调，其感应电动势随转速和负荷的变化而变化。变速直驱风力发电机与系统完全通过换流器相连，示意图如图1-6所示。

同步电机与电网之间通过频率换流器相连，频率换流器用于控制发电机的转速和与电网交换的有功功率。频率换流器包括两个背靠背电压源换流器，通过绝缘栅双极晶体管（Insulated Gate Bipolar Transistor, IGBT）的投切控制，两者之间通过直流电容器相连。该换流器可以使发电机根据风电涡轮机理想的优化转动速度控制自身的端电压和频率，与电网的电压和频率无关。

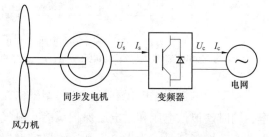

图1-6 直驱风电机组示意图

涡轮机转子直接与发电机耦合，无齿轮箱，即为直接驱动式结构。该结构可大大减小系统运行噪声，提高可靠性。永磁铁安装在发电机转子轴上，定子包含线圈并与换流器直接相连。风力机与永磁同步发电机的转子直接耦合，使发电机的输出端电压、频率随风速的变化而变化，网络频率保持恒定。

变速直驱风力发电机与其他主流机型相比，具有以下优越的性能：

（1）效率高；

（2）实现直接驱动，无齿轮箱，大大简化了传动系统，提高了系统效率，降低了机械噪声，减小了维修成本，提高了可靠性；

（3）与全功率的变换器配合可以实现变速恒频发电；

（4）风能捕捉效果优良；

（5）发电机通过变流器与电网隔离，因此其应对电网故障时承受能力更强，与双馈风力发电系统相比，直驱风力发电系统更容易实现低电压穿越。

但是，由于直驱式永磁发电机的转速很低，致使发电机体积增大，且全功率变换器的采用增加了变流器制造成本；此外，为了增加容量还需要并联功率器件，其控制变得复杂。

1.1.3 风电机组仿真建模

针对当前广泛应用的双馈风电机组和直驱风电机组，参考应用最为广泛的GE风机模型，建立了相应的机电暂态模型，并在PSD-BPA仿真软件中得到实现。

双馈风电机组结构如图1-7所示。从图中可以看出，双馈风机的机电暂态模型包括发电机和换流器模型、电气控制模型、原动机及其控制系统模型、风速模型和各部分之间的数据接口。

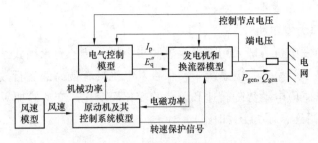

图 1-7　双馈风机的总体系统结构图

I_p 为有功电流分量；E_q'' 为无功电压分量；P_{gen} 为风机注入电网的有功；Q_{gen} 为风机注入电网的无功。

双馈风电机组发电机和换流器模型根据控制系统命令向系统注入有功功率和无功功率，同时模拟低电压和过电压保护功能；电气控制部分模型中包括风电场的无功控制部分和有功控制部分，为发电机和换流器模型提供无功和有功控制信号；原动机及其控制系统模型反映的是风机和其他主要机械部分的物理模型和控制模型，包括风功率模型、桨距角控制等；风速模型则模拟风速的变化情况。

直驱风机采用永磁同步电机，利用全功率变流器并网，具备更好的电气控制性能，与双馈风机的主要区别在于发电机和换流器环节、电气控制模型以及原动机控制模型。

1.2　太阳能发电

我国太阳能资源十分丰富，但分布极不均衡，其中西部和北部的大部分地区直射资源较为丰富，特别是西藏、新疆、内蒙古、甘肃和青海等地区。根据长期观测积累的资料，全国太阳辐射年总量大致在 $3.35 \times 10^3 \sim 8.40 \times 10^3 \, MJ/m^2$ 之间，其平均值约为 $5.86 \times 10^3 \, MJ/m^2$。全国有 2/3 以上的地区年辐照总量大于 $5.02 \times 10^3 \, MJ/m^2$，年日照时数在 2000 h 以上。

太阳能发电技术可分为直接发电和间接发电两类。太阳能直接发电主要包括光伏发电和光感应发电；太阳能间接发电首先将太阳能转换为其他能源，然后再转换为电能，主要包括太阳能光化学发电、太阳能光生物发电、太阳能热发电等，其中较为成熟、最具规模化开发潜力的是太阳能光伏发电和太阳能热发电。

1.2.1　光伏发电系统基本原理与特性

光伏发电是利用光生伏打效应，使太阳光辐射能转变成电能的发电方式，是当今太阳能发电的主流。光伏发电系统一般由光伏阵列、并网逆变器等部分组成，太阳能光伏发电系统的组成如图 1-8 所示。

光伏发电系统各部分作用如下：

（1）光伏电池板直接将太阳辐射能转换成直流电，是光伏发电系统最基本的单元。光伏电池板是太阳能光伏发电系统的核心部件，其受外界日照强度和温度变化影响较大。

（2）逆变器是将直流电变换成交流电的电子设备。由于太阳能电池和蓄电池发出的

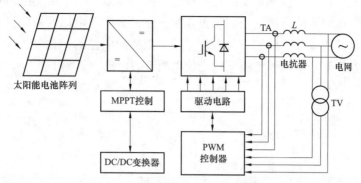

图1-8 太阳能光伏发电系统示意图

是直流电,当负载是交流负载时,逆变器是不可缺少的。按运行方式,逆变器可分为独立运行逆变器和并网逆变器。独立运行逆变器用于独立运行的太阳能电池发电系统,为独立负载供电。并网逆变器用于并网运行的太阳能电池发电系统,将发出的电能馈入电网。按输出波形,逆变器又可分为方波逆变器和正弦波逆变器。方波逆变器电路简单、造价低,但谐波分量大,一般用于几百瓦以下和对谐波要求不高的系统。正弦波逆变器成本高,但可以适用于各种负载。从长远看,SPWM脉宽调制正弦波逆变器将成为发展的主流。

(3)DC-DC是两级式变换器,在光伏发电系统中通过调节占空比改变光伏阵列的输出电压,并实现最大功率点跟踪,使其输出电压始终维持在最大工作电压。

(4)控制器为了最高效率地利用太阳能,采用最大功率跟踪控制技术(Maximum Power Point Tracking,MPPT),以保证光伏阵列输出功率始终保持在最大值。

光伏发电系统按照功率变换的级数划分主要有单级式光伏发电和多级式光伏发电等,如图1-9和图1-10所示。

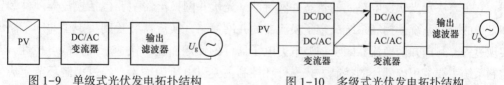

图1-9 单级式光伏发电拓扑结构   图1-10 多级式光伏发电拓扑结构

光伏发电与直驱型风电机组类似,通过变流器与电网相连,运行特性很大程度上取决于变流器的控制作用。光伏发电同样可以实现有功功率与无功功率的解耦控制,并在一定范围内发出或吸收无功功率,具体的电压支撑能力和换流器容量、控制目标与策略相关。

1.2.2 光伏发电系统仿真建模

1. 光伏电池模型

光伏电池是实现光电转换的基本单元,其发电外特性如图1-11所示。在太阳光辐射条件下,光伏电池的半导体P—N结内产生大量的电子—空穴对,两者极性相反,电子带负电，空穴带正电；极性相反的光生载流子被半导体 P—N 结产生的静电场分离开；电子和空穴分别被太阳能电池的正、负极收集，使得太阳能电池两极间具有一定的直流电动势，在有负荷的条件下输出直流电，完成太阳能向电能的转化。根据以上分析和电子学理论，可建立基于单二极管模型的光伏电池等效电路，如图 1-12 所示。

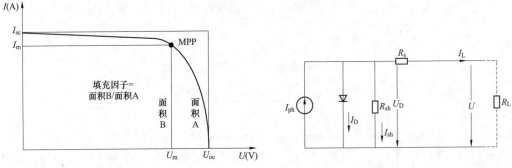

图 1-11　光伏电池的外特性　　　　图 1-12　基于单二极管模型的光伏电池等效电路

图 1-12 中，I_{ph} 为光生电流，其值正比于光伏电池的面积和入射光的光照强度；I_L 为光伏电池输出端电流；U 为光伏电池输出端电压；I_D 为流经二极管的电流；R_s 为光伏电池等效串联电阻；R_{sh} 为光伏电池等效并联电阻。

2. 光伏阵列集成模型

在光伏发电系统中，通常需要根据容量和端电压确定光伏电池串联和并联的数目。首先将多个光伏电池串联组成电池串，再将多个电池串并联组成光伏阵列。实际工程中，同一光伏发电系统原则上都采用同一型号的光伏电池，以保证光伏阵列内的光伏电池具有较高的一致性。因此，光伏阵列集成模型可以根据光伏电池模型和串并联关系组合而成。

3. 光伏并网换流器及控制系统模型

并网换流器是光伏发电系统的并网部件，将光伏阵列的直流电转换为交流电并入电网，它主要决定光伏发电单元的暂态并网特性。光伏并网换流器主要包括换流器硬件装置和复杂的控制系统，控制系统决定了换流器的并网策略，换流器装置则决定了并网策略的实现过程。目前并网换流器因全控型电力电子器件的使用而拥有快速、强大的可控性，其控制系统主要采用内外环的控制方式。外环控制主要以电压为输入，经过控制环节生成内环控制的电流参考值，决定换流器的并网策略和外特性；内环控制以电流为输入，以外环控制的电流参考值作为基准，经过控制环节和换流器装置实现电流入网。因此，对光伏并网换流器的建模包括两部分内容：换流器及内环控制模型、外环控制模型。

（1）换流器及内环控制模型。换流器硬件电路结构如图 1-13 所示：

按照图 1-13，$dq0$ 坐标系下的换流器机电暂态模型可描述如下：

$$\begin{bmatrix} U_d \\ U_q \end{bmatrix} = -\begin{bmatrix} R + Ls & -\omega L \\ \omega L & R + Ls \end{bmatrix}\begin{bmatrix} i_d \\ i_q \end{bmatrix} + \begin{bmatrix} E_d \\ E_q \end{bmatrix} \tag{1-5}$$

其中，E_d、E_q 为换流器交流电压的 d、q 分量；U_d、U_q 为电网侧电压的 d、q 分量；i_d、i_q 为换流器交流电流的 d、q 分量；L、R 为连接电抗、电阻；ω 为系统频率；s 为微

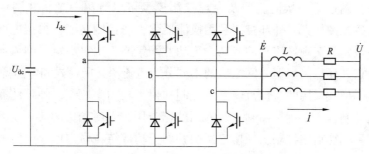

图 1-13　光伏发电系统并网换流器电路结构图

分算子。

从式（1-5）可以看出，换流器的 d、q 轴的电压、电流相互耦合。为了使控制器设计更为简单，工程中都会采用前馈解耦控制策略，即在电流内环控制器中添加如下的控制环节：

$$E_d = \left(K_{iP} + \frac{K_{iI}}{s}\right)(i_{dref} - i_d) - \omega L i_q + U_d$$

$$E_q = \left(K_{iP} + \frac{K_{iI}}{s}\right)(i_{qref} - i_q) + \omega L i_d + U_q$$

$$(1-6)$$

换流器及内环控制的机电暂态模型如图 1-14 所示。

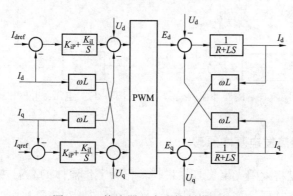

图 1-14　换流器及内环控制模型框图

为了保证内环控制的快速性和准确性，内环控制环节的时间常数都很小（毫秒级以下），为适应仿真软件计算步长，需要对换流器及内环控制进行简化。简化模型框图如图 1-15 所示。

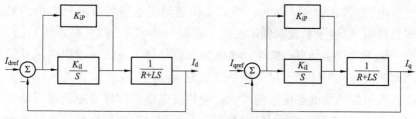

图 1-15　换流器及内环控制简化模型框图

（2）外环控制模型。从换流器及内环控制模型可以看出，光伏并网换流器具备有功、无功的解耦控制能力。外环控制利用换流器强大的控制功能，根据电网对光伏发电系统的要求去设定和实现换流器的有功、无功并网策略，主要决定了换流器的暂态外特性。目前，光伏外环控制根据并网策略的不同分为电流源并网模式和电压源并网模式。

电流源并网模式采用的是恒直流电压控制和恒无功功率控制。外环的有功类控制采用恒直流电压控制，主要用于控制光伏阵列的端电压，实现光伏的最大功率追踪；无功类控制则采用恒无功功率控制，使换流器的并网无功保持在恒定值。电流源并网模式下的外环控制模型如图 1-16 所示。但是该并网模式对电网中的扰动几乎没有响应，这使并网换流器无法起到暂态支撑作用。

电压源并网模式采用的是恒直流电压控制和恒交流电压控制。受制于光伏电池不可控的发电特性，外环的有功类控制仍采用恒直流电压控制，实现最大功率追踪；无功类控制则采用恒交流电压控制，利用换流器的冗余容量从电网吸收或发出无功，保持被控交流母线的电压，对电网提供一定的无功支撑。电压源并网模式下的外环控制模型如图 1-17 所示。

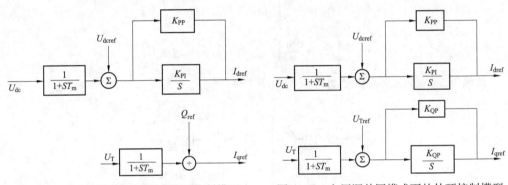

图 1-16　电流源并网模式下的外环控制模型　　　图 1-17　电压源并网模式下的外环控制模型

1.2.3　太阳能热发电基本原理

太阳能热发电是将太阳光聚集，并将其转化为工作流体的高温热能，通过常规的热机或其他发电技术将其转换成电能的技术，分为聚光型和非聚光型。聚光型包括塔式、槽式、碟式和线性菲涅尔氏太阳能热发电技术，非聚光型包括太阳能热气流和太阳能池热发电技术。本书主要介绍聚光型太阳能热发电技术。

（1）塔式太阳能热发电。塔式太阳能热发电系统是利用定日镜群将太阳光集中至聚光塔顶端的吸热器上，并将其转化为高温热能，由蒸汽发生器产生高温蒸汽推动蒸汽涡轮发电机产生电能。如图 1-18 所示，塔式太阳能热发电系统由聚光集热子系统（包括聚光塔、吸热器）、储能子系统、辅助能源子系统（蒸汽-油热交换系统）、汽轮机发电子系统构成。由于太阳能具有间隙性，必须加入蓄热器子系统，以提供足够的热能来补充乌云遮挡时或夜晚太阳能的不足，使系统稳定运行。

（2）槽式太阳能热发电系统。槽式太阳能热发电是已实现商业化运行的太阳能热发电技术，其工作原理是利用大面积单轴槽式采光板把太阳光聚焦到反光镜焦点上的线形

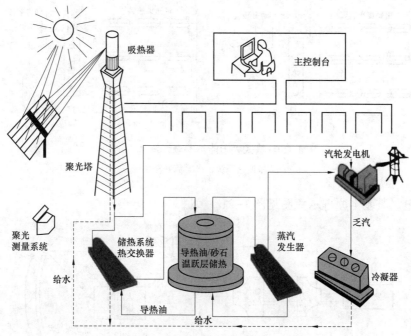

图 1-18　塔式太阳能热发电系统原理图

接收器中，通过加热流过接收器的热传导工质，产生高压过热蒸汽，并送入蒸汽涡轮发电机进行发电，如图 1-19 所示。槽式太阳能热发电系统又分为单回路系统和双回路系统两种结构，如图 1-20 所示。传热工质在各个分散的聚光集热器中被加热形成蒸汽汇聚到汽轮机，称之为单回路系统，如图 1-20（a）所示；传热工质在各个分散的聚光集热器中被加热汇聚到热交换器，经换热器再把热量传递给汽轮机回路，称之为双回路系统，如图 1-20（b）所示。

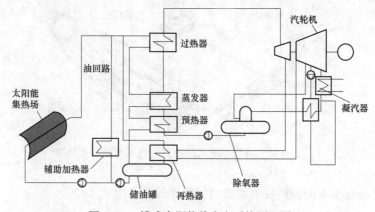

图 1-19　槽式太阳能热发电系统原理图

（3）碟式太阳能热发电系统。碟式太阳能热发电系统采用碟式抛物面聚光镜收集太阳光并将其反射到聚光镜的焦点处，使用收集的集中高温高热流密度的热量来加热工质，进而驱动发电机组发电，或者直接利用这些热量来驱动太阳能斯特林机来带动发电

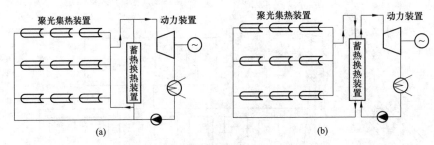

图 1-20 槽式太阳能热发电系统基本结构

(a) 单回路系统；(b) 双回路系统

机进行发电。其基本原理示意图见图 1-21。

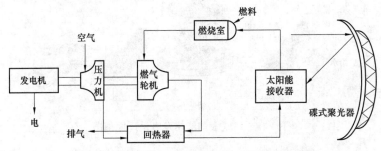

图 1-21 典型碟式太阳能热发电系统原理示意图

(4) 线性菲涅尔式太阳能热发电系统。线性菲涅尔式太阳能热发电系统是利用线性菲涅尔反射镜将太阳能聚焦于集热器，直接加热工质水，工质水在聚光系统中依次通过预热区、蒸发区和过热区后形成高温高压蒸汽，进而推动汽轮机发电，其工作原理如图 1-22 所示。

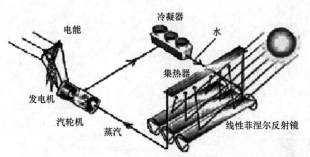

图 1-22 线性菲涅尔式太阳能热发电系统原理示意图

上述四种聚光型太阳能热发电系统的性能比较可参考表 1-2。

表 1-2　　　　　　　　　　聚光型太阳能热发电系统的性能比较

项目	塔式	槽式	碟式	线性菲涅尔式
装机容量(MW)	10~200	30~320	5~25	0.8~100
工作温度(℃)	565	390	750	250~500

14

项目	塔式	槽式	碟式	线性菲涅尔式
最高效率(%)	23.0	20.0	29.4	18
年平均效率(%)	7~20	11~16	12~25	9~11
商业化程度	规模化、示范站	已商业化、可扩大	原理机、示范样机	示范站
技术开发风险	中	低	高	中
混合循环的设计潜力	具有	具有	具有	具有

塔式太阳能热发电技术经济性较高，装机容量大、转换效率高，且能实现高温储能。塔式太阳能热发电电站的运行参数与常规的火电站最为接近，更易获得相关的配套设备，这也是其商业应用前景广阔的重要原因。

槽式太阳能热发电系统目前已经实现了商业化，其总体结构及控制系统相对简单、投资费用较低、技术水平高，但其抗风性能差，散热面积大，系统效率最低，限制了它的广泛应用。

碟式太阳能热发电系统光热转换效率高、使用灵活、聚光比高，但其单机容量小，不能满足大量发电的需求，更适合建立分布式能源系统，且存在系统复杂、造价昂贵、斯特林热机关键技术难度大等问题，这些问题限制了碟式太阳能发电技术的发展。

1.3 核能发电

1.3.1 核能发电基本原理

当前核能发电量所占比例接近世界电力供应 1/5 左右，在世界整个能源供应体系中具有重要作用。目前用于发电的核能主要是核裂变能。

核裂变能发电利用核反应堆中的核物质在核反应中由重核分裂成两个或两个以上较轻的核所释放出的能量来推动汽轮发电机组发电。核反应堆是实现大规模可控核裂变链式反应的装置。根据核反应堆型式的不同，核裂变能发电站可分为轻水堆型、重水堆型及石墨冷气堆型等不同型式，它们的区别见表 1-3。

表 1-3　　　　　　　　　　　不同型式核反应堆的区别

核反应堆型式	中子慢化剂	冷却剂	其他特点
轻水堆型	普通水（H_2O）	普通水（H_2O）	目前最为成熟的动力堆堆型，热效率约33%
重水堆型	重水（D_2O）	重水或轻水	可采用天然铀作为燃料，燃料循环简单，但建造成本比轻水堆要高，热效率约33%
石墨冷气堆型	石墨	气体	冷却温度较高，热效率可达 40%
快中子增殖堆	无	氦	堆芯体积小、功率大

根据国际原子能机构（International Atomic Energy Agency，IAEA）2013 年 7 月 23 日发布的数据，截至 2012 年月 12 月 31 日，全球共有 473 个在运核反应堆，总装机容量达到 3.721 亿 kW，年发电量 2346.2TWh。沸水堆型和压水堆型核裂变能发电系统示意图

见图 1-23 和图 1-24。

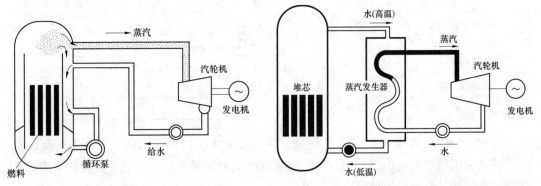

图 1-23 轻水沸水堆型核裂变能发电系统   图 1-24 轻水压水堆型核裂变能发电系统

在沸水堆型核裂变能发电系统中,核裂变后产生的能量将水直接加热至沸腾而变成蒸汽,蒸汽推动汽轮机发电机发电。该系统结构比较简单,但是在沸水堆内直接对水进行加热导致了堆芯体积较大,且放射性物质有可能随蒸汽进入汽轮机对设备造成放射性污染,使其运行、维护和检修变得复杂和困难。

压水堆型核裂变能发电系统避免了上述问题的出现,如图 1-24 所示。压水堆系统与沸水堆系统相比增设了一个蒸汽发生器,核反应堆中引出的高温水进入蒸汽发生器内,蒸汽发生器将水加热至高温汽化,再推动汽轮发电机发电。由于加热水的是另一个完全隔离的独立系统,不会对汽轮机等设备造成放射性污染。

1.3.2 核电技术发展历程

核电站的开发与建设开始于 20 世纪 50 年代。1954 年,前苏联建成电功率为 5000kW 的实验性核电站;1957 年,美国建成电功率为 9 万 kW 的希平港原型核电站。这些成就证明了利用核能发电的技术可行性。国际上把这些实验性和原型核电机组称为第一代核电机组。

20 世纪 60 年代后期,在试验性和原型核电机组基础上,陆续建成电功率在 30 万 kW 以上的压水堆、沸水堆、重水堆等核电机组,在进一步证明核能发电技术可行性的同时,也证明了核电的经济性,即核电可与火电、水电进行竞争。20 世纪 70 年代,因石油涨价引发的能源危机促进了核电的发展,目前世界上商业运行的 400 多座核电机组绝大部分是在这段时期建成的,称为第二代核电机组。

1979 年以前,人们普遍认为核电是安全清洁的能源。受到 1979 年和 1986 年分别发生的三里岛和切尔诺贝利核电站严重事故的负面影响,核电发展进入低潮,社会公众对核电安全性的顾虑增大。为消除公众顾虑,必须着力解决以下问题:①进一步降低堆芯熔化和放射性向环境释放的风险,使发生严重事故的概率进一步减小,以消除社会公众的顾虑;②进一步减少核废料(特别是强放射性和长寿命核废料)的产量,寻求更佳的核废料处理方案,减少对人员和环境的剂量影响;③降低核电站每单位千瓦的造价,缩短建设周期,提高机组热效率和可利用率,提高寿期,以进一步改善其经济性。国际上通常把满足美国核电用户要求文件或欧洲核电用户要求文件的核电机组称为第三代核电机组。

第三代核电具有以下显著特征。在安全性上，具有预防和缓解严重事故的设施以满足下列指标要求：①堆芯熔化事故概率不大于 1.0×10^{-5} 堆·年；②大量放射性释放到环境的事故概率不大于 1.0×10^{-6} 堆·年；③核燃料热工安全余量不小于 15%。在经济性上，要能与联合循环的天然气电厂相竞争；机组可利用率不低于 87%；设计寿命为 60 年，建设周期不大于 54 个月。采用非能动安全系统，即利用物质的重力，流体的对流、扩散等天然原理，设计不需要专设动力源驱动的安全系统，以满足在应急情况下冷却和带走堆芯余热的需要。这样，既使系统简化、设备减少，又提高了安全性和经济性。这是革新型的重大改进，代表着核安全的发展方向。

近年来，世界各国提出了许多新概念的反应堆设计和燃料循环方案。2000 年 1 月，在美国能源部的倡议下，10 个有意发展核能利用的国家派专家联合举办了"第四代国际核能论坛"，并于 2001 年 7 月签署了合约，约定共同合作研究开发第四代核能系统。这 10 个国家是美国、英国、瑞士、南非、日本、法国、加拿大、巴西、韩国和阿根廷。第四代核能系统开发的目标是使其在安全性、经济性、可持续发展性、防核扩散、防恐怖袭击等方面都有显著的先进性和竞争能力；不仅要考虑用于发电或制氢等的核反应堆装置，还应把核燃料循环也包括在内，以组成完整的核能利用系统。

相关组织给出了第四代核能系统的具体技术目标：①经济性。核电技术能够提供优于其他能源的寿期成本。②安全性和可靠性。堆芯熔化概率和燃料破损率非常低，消除对场外应急响应的需要。③尽可能地减少核从业人员的职业剂量和核废物产生量，对核废物要有完整的处理和处置方案，其安全性要能被公众所接受。④核电站本身要有很强的防核扩散能力，应当加强实物保护。⑤要有全寿期和全环节的管理系统。⑥在给出具体技术目标的同时，选定了 6 种反应堆型的概念设计，作为第四代核能系统的优先研究开发对象。这 6 种堆型中，有 3 种是热中子堆，有 3 种是快中子堆。属于热中子堆的是超临界水冷堆、超高温气冷堆、熔盐堆；属于快中子堆的是带有先进燃料循环的钠冷快堆、铅冷快堆、气冷快堆。

我国在 20 世纪 80 年代就已经确定了走压水堆的核电发展技术道路。通过对当时引进的二代法国压水堆技术的消化吸收，我国的核电技术取得了巨大的进步。我国自主实现了 60 万 kW 压水堆机组设计国产化，基本掌握了百万千瓦压水堆核电厂的设计能力，自主研发 CNP1000 技术并对法国 CPR1000 技术进行改进。我国又引进了 AP1000 第三代核电技术作为今后核电机组的发展方向。总的来说，中国核电的发展共有 3 个阶段：

第一阶段，从 1985 年建造秦山核电站开始到 1994 年大亚湾核电站 2 台机组发电，历经 10 年时间建成了 2 个核电站，3 台机组，总装机容量为 $210 \times 10^4 kW$。

第二阶段，从 1996 年建造秦山二期开始，陆续建设了秦山三期、岭澳一期及田湾等核电站。第二阶段共建设了 4 个核电站，8 台核电机组，总装机容量为 $700 \times 10^4 kW$。到 2004 年，已有 6 台机组、$500 \times 10^4 kW$ 装机容量投入运行。

第三阶段，2005 年开始，中国核电建设进入第三阶段。国家批准在广东岭澳、浙江秦山扩建 4 台核电机组。同时，在浙江二门、广东阳江启动核电自主化依托项目的建设。核电自主化依托项目启动阶段建设 4 台机组，以招标方式引进国外先进的核电机组。在 4 台机组建设的同时，进行技术转让，使中国的技术人员掌握相关技术，为后续机组的自主化建设创造条件。此外，国家还组织大型压水堆核电站自主设计的技术研究以及自主开发中国品牌的先进压水堆。

1998～2015 年我国运行和在建核电机组数如图 1-25 所示。截至 2016 年，我国共投运 7 台核电机组。截至 2016 年 12 月 31 日，我国已投入商业运行的核电机组共 35 台，运行装机容量（额定装机容量）为 33.63GW，约占全国电力装机 2.04%，在建核电机组共 21 台，装机容量为 24.32GW。

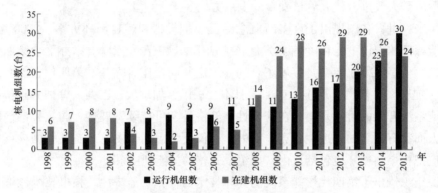

图 1-25　1998～2015 年中国运行和在建核电机组数（台）

截至 2016 年我国已经运行的核电站相关情况如表 1-4 所示。

表 1-4　　　　　　　　　　我国已经运行的核电站

名称	类型	状态	地点	功率（MW）
秦山一期	压水堆	运行	浙江	320
秦山二期	压水堆	运行	浙江	2×660
秦山三期	重水堆	运行	浙江	2×728
秦山核电站二期扩建	CNP600	运行	浙江	2×660
秦山核电站扩建（方家山）	CPR1000	运行	浙江	2×1089
田湾一期	压水堆	运行	江苏	2×1060
大亚湾	压水堆	运行	广东	2×984
岭澳一期	压水堆	运行	广东	2×990
岭澳二期	CPR1000	运行	广东	2×1086
红沿河一期	CPR1000	运行	辽宁	4×1118
宁德一期	CPR1000	运行	福建	4×1089
阳江一期	CPR1000	运行	广东	3×1086
福清一期	第三代压水堆	运行	福建	3×1089
海南昌江一期	压水堆	运行	海南	2×650
防城港核电站	压水堆	运行	广西	2×1086

1.3.3　电网仿真中核电建模研究

由于核电机组仿真系统主要用于核电机组运行人员的培训，主要关注单个电站的运行特性，侧重电站本身物理设备及其内部故障的仿真，因此模型极为详细复杂，且对电网与核电站之间的相互影响考虑较少。例如核电的发电机模型大多只有发电机转子运动方程式，不考虑发电机的暂态和次暂态过渡过程；对于电网的模拟，通常也仅以机端的无穷大电源代替，难以模拟机组热工系统在电网改变运行方式、大扰动等情况下机组运行参数的波动。

与核电站仿真机不同，电力系统分析面向整个电网，规模大、元件多，更加重视核电站外部特性。若直接采用仿真机中的高阶模型，计算量过于庞大，难以实现大规模电力系统仿真计算。因此，在电力系统稳定性分析中，必须重新建立能够实现机电暂态和中长期动态仿真的核电机组模型。

（1）国外电力系统核电仿真。1983 年，美国电力科学研究院（Electric Power Research Institute，EPRI）开发出了基于全网统一频率和小扰动假设的压水堆核电站线性化模型，包括反应堆中子动态过程和热传递过程、热段和冷段热传递过程、稳压器、蒸汽发生器、反应堆控制系统、压力控制系统、反馈水控制系统，并在 55 阶详细模型的基础上进一步简化得到了 23 阶简化模型。该模型为核电站后续建模工作奠定了充分的理论分析基础。

1988 年，日本东京电力中央研究所（Central Research Institute of Electric Power Industry，CRIEPI）开发了能与常规电力系统仿真程序连接的轻水堆核电站模型。与美国 EPRI 开发的模型相比，该研究中的压水堆核电站模型考虑了大扰动下（如系统频率发生较大偏移、汽机转速发生较大变化时）控制系统的响应，新增了调速系统快关装置、旁路阀、截止阀、汽机控制系统等模块。但该模型主要用于分析电网故障后数十秒内核电站的动态响应，适用于电力系统短期动态分析。

1995 年，美国 EPRI 和日本 CRIEPI 联合提出了适合于电力系统中长期稳定分析的核电站详细模型，增加了大量核保护、汽轮机保护等与核电站停机相关的模型，其中包括发电机调速系统和旁路调节系统、汽轮机反馈水系统、汽轮机控制系统（如快关装置）、反应堆控制系统、稳压器及水位和压力控制系统、蒸汽发生器及反馈水控制系统、核保护系统（如高中子通量保护、高中子流量保护、超温超功率保护、低频低电压保护等）。该模型还包括频率、电压扰动下的冷却剂主泵模型。该模型不仅适用于电力系统暂态稳定研究，在中长期时间框架内也有较好的精确度，能够仿真大扰动下电站的动态响应，并且已在 EPRI 和 CRIEPI 的长期稳定程序中实现应用。

但核电仿真技术目前在国外还基本处于保密状态，从公开的文献资料上很难看到较为详细的建模仿真技术介绍。例如，美国 EPRI 和日本 CRIEPI 虽然建立了新型的核电仿真模型，但都未公开；国外常用的电力系统稳定仿真计算程序中，也无公开的核电机组模型。

（2）国内电力系统核电仿真。国内在 20 世纪 70 年代就开始了核能和火电的仿真技术研究。80 年代起，我国仿真技术得到了快速发展，并取得了突破性成果，在技术开发和应用方面积累了丰富的经验。目前国内从事核电仿真系统开发的单位有核动力运行研究所（Research Institute of Nuclear Power Operation），亚洲仿真公司，清华大学等。20 世纪 90 年代至今，通过从国外引进和自主研发，我国核电仿真机的开发取得了巨大的进步。从 20 世纪 80 年代末期开始，我国已形成相关的核电仿真系统相关的标准。包括 EJ/T 442—1998《核电厂操纵员培训及考试用模拟机》和 EJ/T 1043—2004《核电厂操纵人员的执照考核》等，相关标准的修订和编制工作仍在不断进行中。

我国对适合于电力系统暂态及中长期动态稳定分析的核电站详细模型的研究比国外先进的国家起步要晚得多。1990 年左右中国电力科学研究院和苏州热工研究所联合进行了大亚湾核电站对电力系统安全稳定运行影响的研究，建立了大亚湾核电站模型。其核岛部分模型主要借鉴 1983 年 EPRI 的研究成果，对常规岛部分则进行了更具体的分析，建立了高压调节阀和高压蒸汽汽室、高压缸、汽水分离再热器、低压调节阀和低压蒸汽汽室、低压缸、回热系统、汽轮机调速系统、旁路系统等模型。

与 EPRI 和 CRIEPI 的模型相比，此模型保留了非线性的特点，具有较强的适用性，既可用于研究含有核电机组的电力系统的中长期动态过程，又能在相当大的范围内研究电网大扰动下核电机组的内部变化过程，是迄今为止国内核电站模型研究的主要参考对象，尤其是分析大扰动情况下核电站的中长期动态时需要借鉴此模型。同时，中国电科院还对 EPRI 的 23 阶模型作了进一步处理，考虑了更符合实际的反应堆控制系统模型，同时对已相对成熟的汽轮机及其调速系统作了较大幅度的降阶处理，得到了简化的压水堆核电站的 19 阶模型。

此外，浙江大学和武汉大学也对压水堆核电机组建模进行相关研究，并分别使用电力系统仿真程序（Power System Simulator/Engineering，PSS/E）、电力系统分析综合程序（Power System Analysis Software Package，PSASP）各自建立了自定义核电机组控制模型。但是这些基于小扰动的模型对中子动态、蒸汽发生器等模块均作了线性化或常数化处理，且对慢动态过程考虑不全面，也未计及二回路超速保护（Over-speed Protection Control，OPC）、旁路等保护控制系统，难以正确反映核电站的大扰动和中长期特性，模拟工况受到一定限制。

1.4 生物质能发电

生物质能（Biomass Energy）是太阳能以化学能形式贮存在生物质中的能量，可转化为常规的固态、液态和气态燃料，是唯一的可再生碳源。生物质包括农作物、林作物、水生藻类、光合成生物类以及其他废弃物五大类。在世界能源消费中，生物质能占总能耗的 14%，但在发展中国家占 40%以上，是仅次于煤炭、石油、天然气居于世界能源消费总量第四位的能源。

生物质发电是生物质能的重要利用方式，目前生物质发电技术主要包括生物质直接燃烧发电、生物质混合燃烧发电和生物质气化发电三种。

1.4.1 生物质直接燃烧发电系统

生物质直接燃烧发电是直接燃烧生物质，产生热和水蒸气进行火力发电。按照燃烧技术不同，生物质燃烧技术可分为层燃、流化床和悬浮燃烧三种。依据燃料与烟气流动方向不同，可将层燃方式分为顺流、逆流和交叉流三类。

生物质直接燃烧发电厂通常建立在生物质资源比较集中的区域，如谷物加工厂、木料加工厂等附近。通常燃烧发电系统的构成包括生物质原料收集系统、预处理系统、储存系统、给料系统、燃烧系统、热利用系统和烟气处理系统。生物质燃烧发电流程如图1-26所示，生物质原料经预处理后送入锅炉燃烧，利用生物质燃烧的热能加热锅炉给水并转换为蒸汽去驱动蒸汽轮发电机组，其原理与常规的火力发电类似。另外，需要装设专门的除灰装置来处理生物质燃烧后的灰渣。

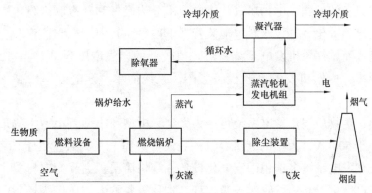

图1-26 生物质能燃烧发电流程示意图

1.4.2 生物质混合燃烧发电

生物质混合燃烧发电有两种形式，一种是把生物质压缩成块状与煤混合后直接输送到燃煤锅炉进行燃烧发电，这种方式较为省煤；另一种是将生物质气化后，燃气在燃煤锅炉里与煤一起燃烧进行发电。

生物质与煤混合燃烧的过程主要分为水分蒸发、生物质及挥发分燃烧和煤燃烧三个阶段。由于生物质挥发分的初析温度远远低于煤的挥发分的初析温度，因而燃烧前期主要是生物质燃烧，而煤燃烧则集中于燃烧后期，这样的混合燃烧模式可以获得更好的燃尽特性，不仅减少了煤资源的使用量，降低了整个系统的投资费用，也实现了节能减排的目的。

1.4.3 生物质气化发电

生物质气化发电的基本原理是生物质经过气化反应后产生可燃气，利用可燃气的燃烧推动燃气发电设备进行发电。流程如图1-27所示，该图描述了生物质气化发电的三个主要流程，即生物质气化、燃气净化和燃气发电，三个过程分别实现将固体生物质转化成气体燃料、滤除可燃气体中的灰分、焦炭和焦油等杂质以及利用燃气轮机或内燃机发电的功能。

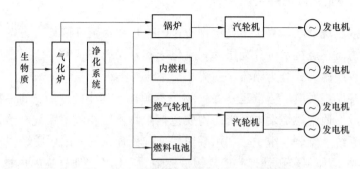

图 1-27　生物质气化发电流程示意图

　　根据气化形式不同，生物质气化过程可以分为固定床气化和流化床气化两大类。

　　依据发电设备的不同，生物质气化发电技术分为燃气和蒸汽联合发电、燃气轮机发电、内燃机发电和气化气进入燃料电池装置发电四种。其中燃气和蒸汽联合发电系统的发电效率较高，而燃气轮机发电系统需对热值较低的燃气增压到 0.098~2.92MPa 之间来提高发电效率，内燃机发电系统设备紧凑、系统简单、发电效率较高，但需要净化燃气。

　　根据规模、生物质气化发电系统可分为大型、中型和小型。小型生物质气化发电装机容量一般小于500kW，大型的装机容量一般大于5MW，装机容量处于二者之间的视为中型。小型气化发电系统多选用固定气化设备，结构简单，主要为农村提供照明或作为中小企业的发电，可以利用谷壳、玉米稻秆、木片等各种生物质作为燃料，所需生物质原料数量较少，种类单一；中型生物质气化发电系统主要作为大中型企业的自备电站或小型上网电站，适用于一种或多种不同的生物质，所需生物质数量较大；大型生物质气化发电系统一般选用循环流化床气化炉，采用生物质联合发电技术，主要作为上网电站，所需生物质数量巨大，必须配套专门的生物质供应中心和预处理中心。小型和中型生物质气化发电机组的系统效率一般为 12%~30%，大型机组的系统效率一般为 30%~50%，当大型气化发电系统的余热得到充分利用时，能源利用效率大约是发电效率的2倍。

　　各种生物质气化发电技术的特点可参考表1-5。

表 1-5　　　　　　　　　　　生物质气化发电技术特点对比

规模	气化过程	发电过程	主要用途
小型系统	固定床气化	内燃机	农村用电
	流化床气化	微型燃气轮机	中小企业用电
中型系统	常压流化床气化	内燃机	大中型企业自备站、小型上网电站
大型系统	常压流化床气化、高压流化床气化、双流化床气化	内燃机+蒸汽轮机、燃气轮机+蒸汽轮机	上网电站、独立能源系统

1.5 地热发电

地热能是来自地球内部的熔岩并以热力形式存在的能量。我国的地热资源比较丰富，占全球地热的 7.9%，储量相当可观。地热资源按照介质的温度状况分为高温（大于150℃）、中温（90~150℃）和低温（小于90℃）三种，其中最适合用来发电的只有高温地热，但只有不足 1/4 的地热源属于高温地热源，因此，需要充分利用中低温地热资源。

地热发电是地热能利用的一种重要方式。根据可利用地热资源的特点以及采用技术方案的不同，主要可分为干蒸汽地热发电系统、闪蒸地热发电系统、双工质地热发电系统、干热岩地热发电系统四种方式。其中，双工质地热发电系统降低了地热资源的发电温度，增加了全球可开采地热发电资源总量，是未来提高地热利用的关键。

双工质中低温地热发电主要应用有机朗肯循环（Organic Rankine Cycle，ORC）和卡琳娜循环（Kalina Cycle）。由于卡琳娜循环的系统压力较高、设备操作复杂，因此，能够充分利用低品位地热能的有机朗肯循环发电系统表现出了更强的优势。

1.5.1 中低温有机朗肯地热发电系统

中低温有机朗肯地热发电系统（ORC 系统）有机工质循环主要由换热器（预热器、蒸发器）、膨胀机、冷凝器、工质循环泵、地热水供给泵、冷却水循环泵和空冷器等设备组成，如图 1-28 所示。其简化的流程图和 T-S 曲线如图 1-29 所示。

中低温 ORC 地热发电系统的运行原理是低温低压的工质经工质泵加压进入蒸发器，在蒸发器中与地热流体进行热交换，直至工质在工作压力下被加热到指定温度。然后工质进入汽轮机膨胀做工，工质的热能转化为轴功驱动发电机发电。从汽轮机排出的低压工质蒸汽进入冷凝器，与冷却水发生热交换变为饱和液，再次进入工质泵，完成一次循环过程。

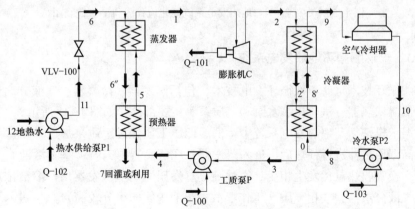

图 1-28 中低温 ORC 地热发电系统原理

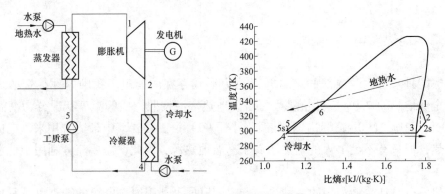

图 1-29　中低温 ORC 地热发电系统简化流程图和 T-S 曲线图

1.5.2　有机工质跨临界循环技术

与中低温有机朗肯地热发电系统相比，有机工质跨临界循环系统（Organic Trans-critical Cycle，OTC）是将普通的蒸发器改进为超临界加热器，其余原理及流程都相同，其简化的流程如图 1-30 所示。

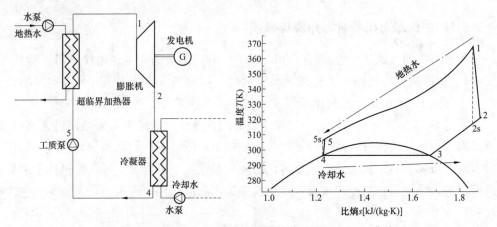

图 1-30　中低温 OTC 地热发电系统简化流程图和 T-S 曲线图

1.5.3　卡琳娜循环地热发电系统

卡琳娜循环技术也属于双循环发电技术，包括蒸发器、冷凝器、气液分离器、高温回热器、低温回热器、汽轮机、水泵和工质泵等主要部件，如图 1-31 所示。

在低温卡琳娜循环地热发电系统中，低温低压工质经过工质泵加压并依次经过低温回热器和高温回热器进行预热后再进入蒸发器，在蒸发器中工质（基本溶液）与地热流体进行热交换吸收热量，发生相变。通过调整蒸发压力调节蒸发器出口溶液浓度，然后工质进入气液分离器，气相工质（工作溶液，溶液中氨的组分较高）直接进入汽轮机膨胀做功，液相工质（回流溶液）进入高温回热器冷却，并经节流阀降压后与汽轮机的乏汽混合，然后进入低温回热器，并在冷凝器中冷却为饱和液态，再次进入工质泵，完成一次循环过程。

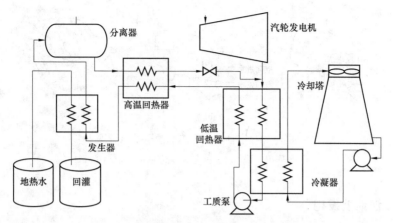

图 1-31　低温卡琳娜循环地热发电系统流程图

1.6　海洋能发电

海洋能是依附在海水中的能源，其发电形式比较多样，包括潮汐能发电、波浪能发电、海流能发电、海洋温差能发电和海洋盐差能发电等。

1.6.1　潮汐能发电

潮汐能是以位能形态出现的海洋能。全世界潮汐能的理论蕴藏量约为 $3 \times 10^9 kW$。根据我国潮汐能资源调查统计，可开发装机容量大于 200kW 的坝址共有 424 处，总装机容量为 2179 万 kW，年发电量约 624 亿 kWh。

潮汐能发电技术是利用潮水的涨、落产生的水位差造成的势能来推动水轮机发电，工作原理如图 1-32 所示。潮汐能发电使用的海水落差不大，但流量较大，具有间歇性的特点，所以用于潮汐发电的水轮机要具备适合低水头、大流量的结构特点。

按照开发方式，潮汐能发电分为单水库式、双水库式和多水库式三种，以单水库式最多；按照运行方式分为单向发电式（涨潮或落潮发电）、双向发电式（涨潮和落潮均发电），以单向落潮发电最多；按电站位置分为港湾式、河口式、滩涂式，以港湾式最多。图 1-33 给出了目前最为常见的潮汐能发电型式，包括单库单向型、单库双向型和双库单向型。

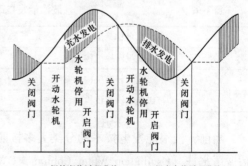

图 1-32　潮汐能发电技术原理示意图

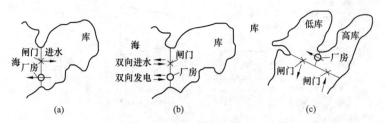

图 1-33　三种不同方案潮汐电站示意图

（a）单库单向型；（b）单库双向型；（c）双库单向型

1.6.2　波浪能发电

波浪能是吸收了风能而形成的以机械能形态出现的海洋能。如图 1-34 所示，波浪能发电技术是利用物体在波浪作用下的升沉和摇摆运动将波浪能转换为机械能、利用波浪的爬升将波浪能转换成水的势能等，最终转化成电能。波浪能发电装置的基本组成部分和功能列于表 1-6 中。

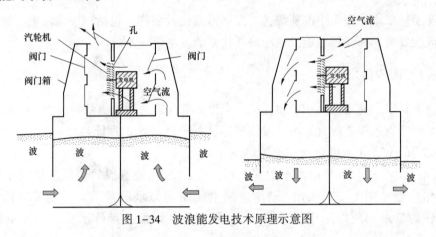

图 1-34　波浪能发电技术原理示意图

表 1-6　　　　　　　　　　　　　波浪能发电装置结构及功能

名称	功能
一级能量转换机构	收集波浪所具有的动能和势能
二级能量转换机构	辅助波浪能二次转换
三级能量转换机构	将能量转换成电能

当前，波浪能发电技术的分类大多按照一级能量转化机构的形式进行划分，主要包括振荡水柱（Oscillation Water Column，OWC）技术、摆式技术、筏式技术、收缩波道技术、点吸收（振荡浮子）技术和鸭式技术等。

（1）振荡水柱式波浪能发电原理。振动水柱式波浪发电装置是目前研究和使用最多的波浪能装置，如图 1-35 所示，它是通过气室将波浪能转换为空气流的能量，再通过空气透平将气流能量转换为电机转轴的轴功，最后通过发电机将转轴轴功转换为电能。

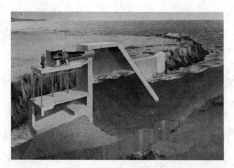

图 1-35　振荡水柱式波浪能转换示意图

（2）摆式波浪能发电原理。摆式波浪能发电是利用摆板在波浪作用下前后摆动，驱动由液压缸、蓄能器、液压马达、发电组成的液压式能力转换装置获取电力。摆式波浪能发电技术有两种，即悬挂摆和浮力摆技术。悬挂摆铰接点在水面上，浮力摆铰接点在海底，其原理示意图分别如图 1-36 和图 1-37 所示。

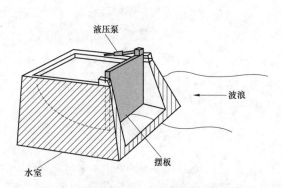

图 1-36　悬挂摆式波浪能发电技术示意图

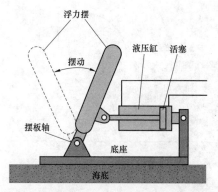

图 1-37　浮力摆式波浪能发电技术示意图

（3）筏式波浪能发电原理。筏式波浪能发电是将浮在水面上的三节筏用铰链联结，浮筏随着波浪起伏一起运动，筏块间的夹角不断改变，推动筏上的双向油压活塞和发电机进行发电，如图 1-38 所示。

（4）收缩波道式波浪能发电原理。收缩波道式波浪能发电原理如图 1-39 所示。图中，波道与海连通的一面呈喇叭形，开口由宽逐渐收缩变窄通至高位水库。波浪在逐渐变窄的波道中，波高不断被提

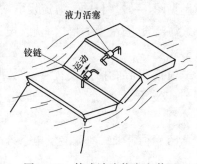

图 1-38　筏式波浪能发电装置

高，直至波峰溢过收缩波道边墙进入高位水库，将波浪能转换成势能，进而推动水轮机组发电。

（5）振荡浮子式波浪能发电原理。振荡浮子式（也称为点吸收式）波浪能发电是利用波浪的升沉运动吸收波浪能，如图 1-40 所示。浮子随着海浪上下浮动而运动，获取

波浪能，利用泵将其转化为水压能，经过缓冲器缓冲能量后，用于发电以及海水淡化。与振荡水柱式发电装置相比，振荡浮子式的优势是可以直接采集利用波浪的动能，而且效率更高。

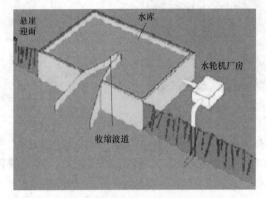

图 1-39　收缩波道式波浪能发电原理图

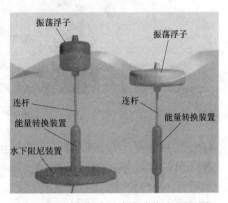

图 1-40　振荡浮子式海浪发电原理图

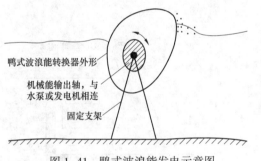

图 1-41　鸭式波浪能发电示意图

（6）鸭式波浪能发电原理。鸭式波浪能发电通过以某种方式约束的支撑轴以及绕轴往复转动的鸭体俘获波浪能。波浪驱动连接鸭体与支撑轴之间的液压转换装置发电，如图 1-41 所示。

1.6.3　海流能发电

海流能是海水流动的动能，主要是指海底水道和海峡中较为稳定的海水流动的动能。

海流能发电技术原理类似于风能发电技术，也称水下风车，是零水头发电机，其示意图见图 1-42。目前，海流发电站通常浮在海面上，用钢索和锚加以固定，主要包括花环式海流发电站、驳船式海流发电站、伞式海流发电站和超导"切割磁力线"发电站 4 种形式。

根据海流能捕能装置——透平的转轴和潮流方向及水平面的空间位置关系，将海流能发电装置分为水平轴式（又称为轴流式）和垂直轴式（又称为混流式）两类。

（1）垂直轴式海流能发电系统。垂直轴式的海流能发电机组也常被称为潮汐栅栏式结构（Tidal Fence），分为漂浮式和固定式结构。垂直轴式水轮机的转轴方向与海平面垂直，对于不同方向的水流，转轴方向可以不作变化，同时转轴可将扭矩直接输出，需要较少的机械传动机构。目前垂直轴式水轮机主要分为 Darrieus 式、Gorlov 式及 Savonius 式三种，其中 Darrieus 式垂直轴涡轮机的原理如图 1-43 所示。

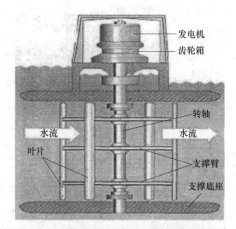

发电机
齿轮箱
转轴
水流　水流
叶片
支撑臂
支撑底座

图1-42　海流发电装置示意图　　　　图1-43　加拿大Darrieus式垂直轴涡轮机

垂直轴系统开发较早，其透平轴线分别垂直于潮流方向及水平面，具有以下优点：

1）设计更简单、成本低、加工制造容易；

2）透平可适应各方向的来流，降低了水下装置制造成本；

3）叶尖损失相对小，噪声很小；

4）安装支撑方式更适合采用漂浮式的结构，也便于采用聚流装置来增大流速；

5）更适应于在垂直方向上流速不均匀的浅水海洋环境；

6）机组的悬置结构使得电气部分可以置于海面以上，这样可以给维修及安装、调试带来较大的便利。

但是，垂直轴系统也有一些明显的缺点，例如透平的启动转矩比较低，启动特性差，运行时有较大的转矩脉动，能量转换效率较低。

（2）水平轴式海流能发电系统。水平轴式海流能发电装置，如图1-44所示，与当前主流的风力机发电技术非常相似，常被称为"水下风车"。它利用水平布置的叶轮机构在水流的作用下开始旋转，然后通过轮毂、主轴、传动系统将能量传递给发电机，并带动发电机旋转发电，其后续电气系统基本与风力发电机相似。

与垂直轴透平结构相比，水平轴海流能发电系统具有以下优点：

1）总体性能更好，能量捕获率高，自启动性能好，转速也相对高，更利于直驱传动；

2）更利于开展各种控制方法，如变速、失速控制等；

3）通过变桨距控制机构既可以使机组适应双向的潮流环境，又可以实现机组功率的稳定输出；

图1-44　水平轴海流能发电装置

4）研究基础好，可利用的现有技术相对较多，如风力机和船舶螺旋桨领域的技术等。

但是水平轴系统的总体设计更加复杂，如其叶片的设计加工难度更大，水下部分的密封防腐负担更重。

1.6.4 海洋温差能发电

海洋温差能是蕴藏在海洋表层水温与深层水温温差中的热力位能，也称海洋热能，是蕴藏量最大、能量最稳定的海洋能。

海洋温差能发电（Ocean Thermal Energy Conversion，OTEC）的基本原理是利用表层温海水加热某些低沸点工质并使之汽化（或通过降压使海水汽化）以驱动汽轮机发电；同时利用深层冷海水将做功后的乏汽冷凝重新变为液体，形成系统循环。循环系统包括朗肯循环系统、卡琳娜循环和上原循环三种。

1. 基于朗肯循环系统的海洋温差能发电

朗肯循环系统包括开式循环系统、闭式循环系统以及混合式循环系统，朗肯循环的效率比较低，发电效率为3%左右。

（1）开式循环。开式循环系统是基于克劳德的温差发电试验。克劳德温差发电试验是把烧瓶抽至真空状态，使温水在0.03个大气压下开始沸腾，其蒸汽由喷嘴喷出推动汽轮机运转，然后在冰块上冷凝成水，如图1-45所示。

根据克劳德温差发电试验过程，基于开式循环的海洋温差能发电系统采用海水作为工质，利用蒸发器不断供应工质蒸汽，利用冷凝器把工质由蒸汽变为水，如图1-46所示。这种方式的海洋温差能发电系统能量损耗非常大，甚至可能超过其发出的电力。

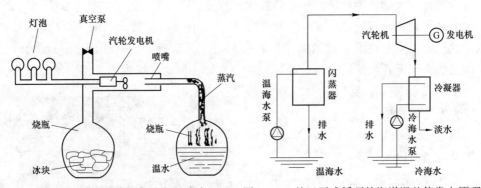

图1-45 克劳德的温差发电试验　　图1-46 基于开式循环的海洋温差能发电原理图

（2）闭式循环。基于闭式循环的海洋温差能发电是将海水热能转移到低沸点工质（例如丙烷）上，使其反复蒸发、膨胀和冷凝的过程，其原理图如图1-47所示。

（3）混合式循环。混合式海洋温差能发电系统中，温海水先经过一个闪蒸蒸发器，其中的一部分温海水转变为水蒸汽，随即将蒸汽导入第二个蒸发器，见图1-48。水蒸汽在第二个蒸发器被冷却，并释放潜能；此潜能再将低沸点的工作流体蒸发，从而构成一个封闭式系统。混合式发电系统可以避免温海水对热交换器造成的生物附着，并在第二

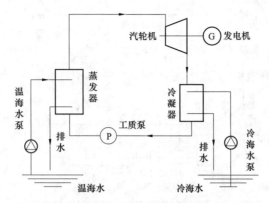

图 1-47　基于闭式循环的海洋温差能发电原理图

个蒸发器中产出淡水这一副产品，并能实现较大容量的发电。

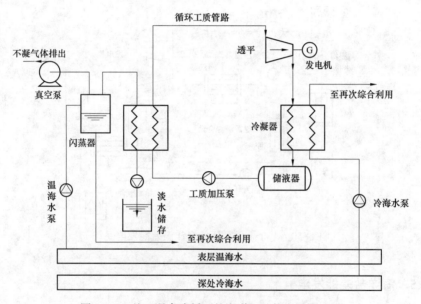

图 1-48　基于混合式循环的海洋温差能发电原理图

2. 基于卡琳娜循环的海洋温差能发电

卡琳娜在 1986 年采用氨水混合物为工质研究海洋温差发电效率，当温海水温度为 27.89℃、冷海水温度为 4℃时，其效率是朗肯循环发电效率的两倍，这种用氨水混合液为工质的循环称为"卡琳娜循环"。基于卡琳娜循环的海洋温差能发电系统如图 1-49 所示。

3. 基于上原循环的海洋温差能发电系统

如图 1-50 所示，上原循环与卡琳娜循环非常类似。上原循环采用氨水混合物为工质，由主循环和蒸馏、分离循环构成。在蒸发过程中工质变温蒸发，减少工质吸热过程的不可逆性；在冷凝过程中的基本工质含氨较低，冷凝温度变化较小，也减少了冷凝过程中的不可逆性，同时实现了在较低压力下工质的完全冷凝。通过把两个循环系统联结

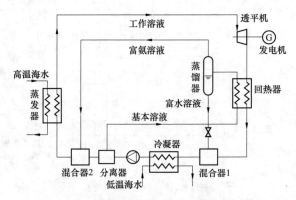

图 1-49 卡琳娜循环海洋温差能发电系统

起来，大大提高了发电效率。

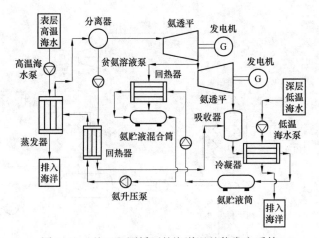

图 1-50 基于上原循环的海洋温差能发电系统

1.6.5 海洋盐差能发电

海洋盐差能是指海水和淡水之间或两种含盐浓度不同的海水之间的化学电位差能。

目前提取盐差能主要有渗透压能法（Pressure Retarded Osmotic，PRO）、反电渗析法（Reverse Electrodialysis，RED）和蒸汽压能法（Vapour Pressure Differences，VPD）3 种。

渗透压能法是以淡水与盐水之间的渗透压力差为动力推动水轮机发电；反电渗析法是用阴阳离子渗透膜将浓、淡盐水隔开，利用阴阳离子的定向渗透在整个溶液中产生的电流；蒸汽压能法是利用淡水与盐水之间蒸汽压差为动力，推动风扇发电。渗透压能法和反电渗析法有很好的发展前景，目前面临的主要问题是设备投资成本高，装置能效低。蒸汽压能法装置太过庞大、昂贵，还停留在研究阶段。

（1）渗透压能法。渗透压能法是以淡水与盐水之间的渗透压力差为动力推动水轮机发电，结构原理如图 1-51 所示。

淡水和海水经过预处理后分别进入膜组件中的淡水室和浓水室，由于半透膜两侧的

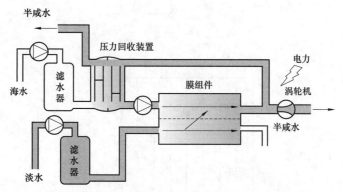

图 1-51　渗透压能法海洋盐差能发电装置结构图

渗透压差，80%~90%的淡水向浓水渗透，从而使高压浓水体积增大。通过渗透过程，盐差能转化为压力势能。在浓水室，体积增加后的浓水有 1/3 直接推动涡轮发电，另外 2/3 的浓水经过压力回收装置排出。在这个过程中，海水泵不断注入海水以保持浓度不被稀释，从而维持稳定的渗透压。

渗透压能发电装置的另一种形式是地下（水下）盐差能发电装置。它可建在地下（海平面下）100~130m，由水力水轮发电机、渗透装置、进水管和出水管组成。在河流入海口处，淡水通过进水管流入海平面下 90m 的涡轮发电机发电，然后流入渗透装置的淡水室。淡水室和浓水室被渗透膜隔开，由于渗透压差，淡水向浓水渗透。此时，整个装置构成了一个循环，并不断地产生电能。

（2）反电渗析法。反电渗析法是采用阴阳离子渗透膜将浓、淡盐水隔开，利用阴阳离子的定向渗透在整个溶液中产生电流，因此也称浓淡电池法。它采用阴离子和阳离子两种交换膜，阳离子交换膜只允许阳离子（主要是 Na^+ 离子）透过，阴离子交换膜只允许阴离子（主要是 Cl^- 离子）通过。阳离子渗透膜和阴离子渗透膜交替放置，中间的间隔交替充以淡水和盐水。对于 NaCl 溶液，Na^+ 透过阳离子交换膜向阳极流动，Cl^- 透过阴离子交换膜向阴极流动，阳极隔室的电中性溶液通过阳极表面的氧化作用维持，阴极隔室的电中性溶液通过阴极表面的还原反应维持，电子通过外部电路从阳极传入阴极形成电流。当回路中接入外部负载时，电流和电压差可以产生电能。通常，为了减少电极的腐蚀，把多个电池串联起来，可以形成更高的电压。其结构原理如图 1-52 所示。

反电渗析法中，电压随相邻电池的盐浓度比成对数变化，整个电池组的电压受温度、溶液电阻和电极的影响，有一个参数优化设计的问题。淡水室的离子浓度低，整个电池组的电压就大，但是离子浓度太低会使淡水的电阻增大；膜之间的间隔越小电阻值越小，但是间隔太小又会增加水流的摩擦，增加水泵的功率（研究表明膜之间最佳距离为 0.1~1mm）。

（3）蒸汽压能法。蒸汽压能法是利用淡水与盐水之间蒸汽压差为动力，推动风扇发电。在同一温度下，盐水的蒸汽压比淡水的蒸汽压小，它们之间产生一个蒸汽压差，蒸

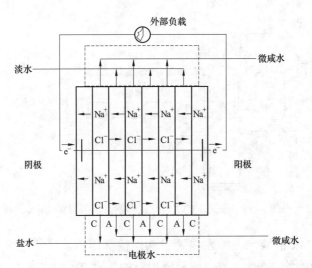

图 1-52　反电渗析法海洋盐差能发电装置结构图

汽压差推动气流运动，蒸汽压能法就是利用气流推动风扇涡轮发电。在这个过程中，淡水不断地蒸发吸热使得温度降低，蒸汽压也随之降低，同时水蒸气不断在盐水里凝结放热使盐水温度升高，使其蒸汽压升高，破坏了蒸汽的流动。通过热交换器（铜片）将热能不断地从盐水传递到淡水，使淡水和盐水保持相同的温度，这样就能保持蒸汽恒定的流动。M. Olsson 做了一个蒸汽压能法的模型，其示意图如图 1-53 所示，蒸汽压发电装置侧面图如图 1-54 所示。蒸汽压发电装置从外面看是一个筒状物，它由树脂玻璃、PVC 管、热交换器（铜片）、汽轮机、浓盐液和稀盐溶液组成，两端分别是淡水和盐水，中间是双螺旋结构的热交换器，轴心是涡轮风扇。整个圆筒不断地旋转，使淡水和盐水在热交换器的表面流动，加快热交换的速度和蒸汽蒸发及吸收的速度。由于在同样的温度下淡水比海水蒸发得快，因此海水一边的饱和蒸汽压力要比淡水一边低得多，在一个空室内蒸汽会很快从淡水上方流向海水上方并不断被海水吸收，这样只要装上汽轮机就可以发电了。由于水汽化时吸收的热量大于蒸汽运动时产生的热量，这种热量的转移会使系统工作过程减慢最终停止，采用旋转筒状物使盐水和淡水溶液分别浸湿热交换器（铜片）表面，可以传递水汽化所要吸收的潜热，这样蒸汽就会不断地从淡水一边向盐水一边流动以驱动汽轮机。

蒸汽压发电最显著的优点是不需要半透膜，这样就不存在膜的腐蚀、成本高和水的预处理等问题。蒸汽压能法发电时，每平方米热交换器表面积（铜）的功率密度比反电渗析法的功率密度大，价格比单位面积渗透膜便宜很多。但蒸汽压能装置庞大、昂贵，消耗大量的淡水，应用受到限止。加上膜技术的迅猛发展和成本的不断降低，蒸汽压能法无法与渗透压能法和反电渗析法竞争，因此蒸汽压能法一直进展缓慢。此外，在 70℃下淡水与海水的饱和蒸汽压差为 800Pa，而与盐湖的饱和蒸汽压差为 8kPa，显然，这种方法更适用于盐湖的盐差能利用。

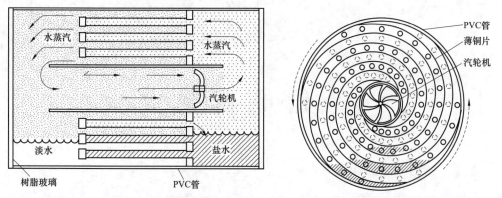

图 1-53　蒸汽压能法海洋盐差能发电示意图　　图 1-54　蒸汽压能海洋盐差能发电装置侧面图

2

输 电 新 技 术

2.1 新型交流输电技术

2.1.1 特高压交流输电技术

特高压交流输电中间可以落点，具有网络功能，可以根据电源分布、负荷布点、输送电力、电力交换等实际需要构成国家特高压骨干网架。特高压交流电网的突出优点是：输电能力强、覆盖范围广、网损小、输电走廊减少，能灵活适应电力市场运营的要求。适时引入 1000kV 特高压输电，可为直流多馈入的受端电网提供坚强的支撑。

北美的美国电力公司（American Electric Power Co. Inc.，AEP）、邦纳维尔电力管理局（Bonneville Power Administration，BPA）、日本东京电力公司（Tokyo Electric Power Company，TEPCO）、前苏联、意大利和巴西等国的公司，于 20 世纪 60 年代末或 70 年代初根据电力发展需要开始进行交流特高压可行性研究，在广泛、深入的调查和研究的基础上，先后提出了特高压输电的发展规划和初期特高压输变电工程的预期目标和进度。

BPA 电力公司于 1970 年做出规划，拟用 1100kV 远距离输电线路，将喀斯喀特山脉东部煤矿区的坑口发电厂群的电力输送到西部用电负荷中心，输送容量为 8000～10000MW。经论证，采用特高压输电可减少线路走廊用地，在降低电网工程造价的同时可以减少电网网损，并解决大型、特大型机组和电厂故障引起的稳定性问题。BPA 公司当时计划于 1995 年建成第一条 1100kV 线路，输送功率 6000MW，经过 5 年后可能再建一条线路。AEP 电力公司为了减少输电线路走廊用地和环境问题，也曾规划构建 1500kV 特高压输电骨干电网。

苏联于 20 世纪 70 年代做出规划，在西伯利亚地区的坎斯克建设火力发电厂群，同时建设起于坎斯克，经由伊塔特、巴尔脑尔到哈萨克斯坦的科克切塔夫、库斯坦奈，然后到乌拉尔的车里雅宾斯克的 1150kV 输电线路，全长 2500km，将西伯利亚丰富的煤电和水电电力输送到苏联的乌拉尔和其他欧洲部分的负荷中心。这条 1150kV 线路同时还是苏联西伯利亚—哈萨克斯坦—乌拉尔三个联合电力系统的联络线。当时已建成埃基巴斯图兹到科克切诺夫 500km 和科克切塔夫到库斯坦奈 400km（在哈萨克斯坦境内）的 1150kV 输电线路。这两段线路从 1985 年到 1992 年共运行了 6 年。

日本于 20 世纪 70 年代开始规划，80 年代初开始特高压技术研究，建设东西和南北两条 1000kV 输电主干线，将位于东部太平洋沿岸的福岛第一和第二核电站（装机容量分别为 4700MW 和 4400MW)和装机容量为 8120MW 的柏崎核电站的电力输送到东京湾的用电负荷中心。这两条线全长 487.2km，已全部建成，计划输送电力为 10000MW 以上；这两条线路目前已降压 500kV 运行。

意大利为了把本国南部地区的大容量煤电和核电电力输送到北部工业区，规划在原有 380kV 输电网架之上叠加 1050kV 特高压输电骨干网。

我国自 2005 年启动特高压工作以来，围绕发展特高压的必要性、可行性、安全性、经济性、环境影响等重大关键技术问题，深入开展了规划研究、技术论证、设备研发、工程建设等工作。

2006 年 8 月，1000kV 晋东南—南阳—荆门特高压交流试验示范工程取得国家发展和改革委员会下达的项目核准批复文件，工程于同年底开工建设，并于 2008 年 12 月全面竣工。经过系统调试和试运行考核，2009 年 1 月 6 日正式投入运行，目前运行情况良好。皖电东送特高压交流同杆并架工程于 2013 年正式投运。2014 年 12 月，浙北至福建特高压交流工程也正式投运。

通过试验示范工程实践，我国在特高压交流输电的关键技术、装备制造、技术标准、工程建设等方面取得全面突破，包括：建立了特高压交流试验研究体系，建成了特高压交流试验基地、高海拔试验基地、工程力学试验基地、大电网仿真中心，在世界上率先具备了全套、完整的特高压交流系统与设备试验条件；掌握了特高压交流输电核心技术，系统开展了 180 余项关键技术研究，攻克了特高压交流过电压与绝缘配合、无功平衡、外绝缘配置、雷电防护、潜供电流抑制、电磁环境控制等关键难题，全面掌握了核心技术；自主研制成功全套特高压交流设备，创造了一大批世界纪录，首次研制成功的 100 万 kVA 单主体式特高压变压器、32 万 kvar 单体式特高压高抗的容量为世界最大，研制的 GIS、HGIS 开关代表世界同类产品的最高水平，首次研制成功的特高压瓷外套避雷器、复合套管、支柱绝缘子、电容式电压互感器等设备的性能指标国际领先，依托工程的创新实践，我国电工装备企业全面实现产业升级，提升了核心竞争力，具备了特高压交流输电成套设备的批量生产能力；建立了特高压交流技术标准体系。目前已发布国家标准 16 项、行业标准 1 项、企业标准 73 项，我国的特高压交流标准电压已被推荐为国际标准电压。

我国交流特高压试验示范工程投运以来一直保持安全稳定运行，经受了雷雨、大风、高温和严寒，以及各种运行操作、运行方式的考验，系统运行可靠，设备状态稳定，实现了大负荷送电，已成为我国南北方向的一条重要能源输送通道，发挥了重要的送电和水火互济、事故支援联网效益，具备了推广应用的条件。

2.1.2 紧凑型线路技术

紧凑型架空输电线技术是基于交流输电的原理，在保证安全运行的前提下（满足安全性的约束），通过缩小导线的相间距离、增加相导线分裂根数和相导线等效半径，优化相导线的结构及布置，从而减小线路等效半径，达到大幅度提高自然输送功率、有效压缩输电线路走廊宽度目的的新型输电技术。经过我国科研设计人员的长期努力和自主创新，并将我国的实际情况和具体要求相结合，已建设了 220kV、330kV 和 500kV 三个电压等级的紧凑型输电线路。迄今为止，已有数千公里运行和建设中的紧凑型输电线路，已投运的线路运行状态良好。

紧凑型输电线路在我国相关规程中的定义是通过优化排列导线，将三相导线置于同一塔窗内，三相导线间无接地构件，可减少线路走廊宽度并提高单位走廊输电容量的架空送电线路。我国紧凑型输电线路的三相导线采用了具有中国特色的同塔窗内倒三角布置方式，如图 2-1 所示。

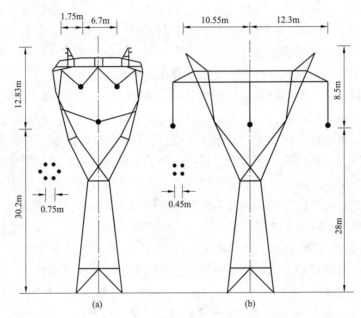

图 2-1　500kV 紧凑型和常规型输电线路的塔型及导线布置

（a）昌平—房山线；（b）昌平—安定二回线

紧凑型线路的综合优势可总结为：

（1）紧凑型线路具有较小的正序电抗和较高的自然功率。紧凑型线路自然功率较常规线路有较大的提高，经稳定计算表明，紧凑型高压输电线路自然输送功率提高约 30%，对于远距离输电线路来讲，其稳定输送功率亦将提高约 30%。

（2）紧凑型线路具有较小的走廊宽度，易于选择路径和优化线路。比较紧凑型线路与水平排列的常规 500kV 线路的走廊宽度，紧凑型线路至少可以压缩 17m。线路走廊得到控制，可易于选择和优化线路路径。

（3）紧凑型线路具有较小宽度的地面高场强区。紧凑型线路导线下离地 1m 高的最大场强略小于常规线路，地面高场强区仅为常规线路的 1/3，有效地减小了对环境的电磁影响。

（4）紧凑型线路具有较低的单位造价。由于紧凑型线路本体较常规线路高，铁塔高度增加，塔材质量增大，V 形绝缘子数量和导线根数增多，故较常规线路本体造价约高 10%，综合造价约高 5.7%。但按输送单位自然功率造价比较，则降低了 20% 左右。随着合成绝缘子价格下降以及占地赔偿价格和线路走廊通道障碍物拆迁、林木植被的保护费用提高，紧凑型输电线路综合造价低的优势更加明显。

（5）紧凑型线路具有系统运行特性良好及三相电气参数平衡度好等优势。

但是，紧凑型输电线路也存在一些问题：

（1）充电功率明显大于同电压等级的常规线路，线路有功损耗较大，功率变化时末端电压波动较大，存在无功补偿问题；

（2）相间电容和互感较常规线路大，潜供电流和恢复电压较大；

（3）由于参数差异较大，与常规线路并联运行时可能会产生环流，对继电保护的整定和配合也可能产生影响；

（4）由于紧凑型线路传输功率较大，故障断开后可能造成与其联系的常规线路的功率超限，限制了紧凑型线路在提高整体系统传输能力的作用。

上述问题在超、特高压领域，随着线路长度和杆塔高度的增加会变得更加突出。

紧凑型输电在国内外应用广泛。最早对线路进行紧凑化研究的是美国，BPA 在 20 世纪 80 年代初已建成投运单、双回路 500kV 紧凑型线路近 1000km。但最早将完全意义上的紧凑型输电线路理论投入应用的是巴西，其在 1980 年开始研究，1986 年投运第一条 500kV 紧凑型输电线路，至今已建成投运的 500kV 紧凑型输电线路长度在 2000km 以上。

目前国际上掌握该项技术的有巴西、美国、俄罗斯等少数几个国家。但因国情不同，其着重点也不尽相同，其中俄罗斯偏重于提高自然功率，巴西、美国则偏重于缩小走廊宽度，而我国在这方面的研究倾向于两方面兼顾。

我国于 1989 年开始着手研究这一先进输电技术，将其列为国家“八五”重点科技攻关项目进行试验研究，分别于 1994 年、1999 年在华北建成国内第一条 220kV（河北安定—廊坊）、500kV（昌平—房山）紧凑型输电线路。安定—廊坊线路总长 30km，输送功率 300MW，运行稳定。昌平—房山线路总长 83km，并网运行后经受了 10 级大风及大雾、雨雪等自然条件的考验，运行情况良好。其后于 2002 年在西北建成国内第一条 330kV 成县—天水紧凑型输电线路（高海拔、重冰区），全长 115km，也达到了预期效果。2004 年 4 月 26 日建成投运 500kV 政平—宜兴同塔双回紧凑型输电线路。山东 2005 年投运的 500kV 郓城—泰山线路全长 146km，也采用紧凑型。另有许多新建工程都在开工建设中。

2.1.3 同塔多回输电技术

同塔多回输电技术是指在一个杆塔上架设 2 回或 2 回以上相同电压等级或不同电压等级导线的一种新型输电技术。同塔并架多回输电在杆塔结构、导线布置、绝缘设计、保护方式、运行检修、耐雷水平和电磁环境等方面与常规单回输电有所不同，给其应用带来一些问题。虽然同塔多回输电技术实施难度较大，但不存在难以逾越的技术障碍。国内外同塔多回输电技术的研究和运行实践表明，采用同塔多回输电是减少线路综合造价、缓解线路走廊紧张矛盾、节省土地资源的有效手段，特别适宜于在经济发达、人口稠密地区进行推广应用，具有明显的经济效益和社会效益。

同塔多回线的常用塔杆模型有：垂直排列塔型和水平排列塔型两种，如图 2-2 所示。垂直排列塔型由于杆塔塔头结构高度较高，使得避雷线的屏蔽效果差，导致在线路运行中雷电绕击导线的机率较大，因此实际应用中以水平排列塔型居多。

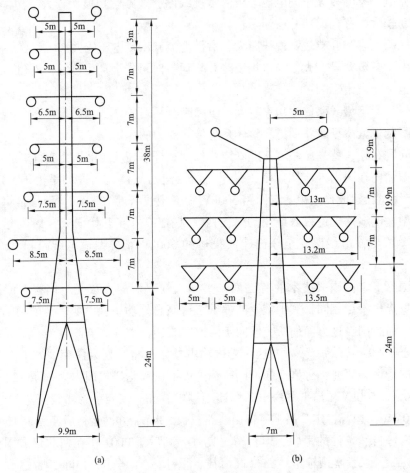

(a)   (b)

图 2-2 同塔多回杆塔模型

(a) 垂直排列塔形；(b) 水平排列塔形

与单回输电相比较，同塔多回输电无论从经济性还是可靠性方面的表现都更优越：

（1）220kV 同塔四回线路的走廊宽度比四条单回路线路减少约 55m，比两条同塔双回路减少约 21m。500kV 同塔四回线路的走廊宽度比四条单回路减少约 107m，同塔双回路的走廊宽度比两条单回路减少约 41m。采用同塔多回路最经济之处在于走廊清理费用（包括土地征用、青苗赔偿、林木砍伐、房屋拆迁等）的节约。

（2）对近几年 500kV 单、双回线路的铁塔、基础材料指标进行统计。结果表明，500kV 同塔双回路的铁塔和基础材料耗量均大于两个单回路，但走廊费用节约的数值要远大于多增加的材料耗量，因此，500kV 同塔双回线路仍比两个单回线路经济。

（3）采用紧凑型双回路输电线路设计，通过优化导线布置，压缩相间距离，使电荷在各导线表面分布均匀，从而表面场强均匀，导线导电面积得到充分利用，因此紧凑型输电技术可显著提高输电能力。与常规同塔双回 500kV 线路相比，同塔双回 500kV 紧凑型线路的自然输送功率提高约 30%。政平—宜兴两回 500kV 紧凑型输电线路就是采用新技术提高经济性的一个成功范例。

（4）同塔多回路输电对电网的安全运行水平要求很高。一旦出现如倒塔、雷击跳闸、闪络接地和风偏闪络、断线等多回路的同时故障，将对电网安全运行造成非常严重的影响。经研究表明，220kV 或者 500kV 电网中，倒塌、雷击跳闸次数，同塔多回路输电要比单回路输电多，但是换算成单回之后，次数反而更少，可靠性更高。

然而，与单回路输电相比，同塔多回路输电也有一些不足：

（1）同塔多回路输电技术的技术难度较大，同塔多回路输电技术在技术、生态环境上会面临一些新的问题，例如在输电塔结构与导线布置型式、相导线排列方式、相间距离、绝缘方式、绝缘子串型式、线路保护方式与故障差别、线路运行和检修（包括带电作业）、耐雷水平等。此外，同塔多回路输电线路的无线电干扰、地面场强、环境保护等方面都与常规单回路输电线路有所不同，因此需要进行综合研究，使各项指标控制在有关规定范围之内，确保同塔多回路输电线路安全、经济、可靠运行的同时，能够与周围环境相协调。

（2）据资料报道，我国学者对 500kV 超高压输电线路进行过卫生学和流行病调查，发现线路周围居民有头昏、头痛、失眠、疲倦、乏力等症状。国外研究还发现：高压强辐射可以使人体血清中性脂肪浓度增高，这是中风与心脏冠状动脉异常的症状。这表明超高压输电线运行时会产生电磁辐射，对周围居民的健康构成威胁。同塔多回路输电线路增加输电线的回路数量，必然增大输电线周围的电磁场强度，所以有必要对其电磁环境进行分析。

目前，不同电压等级的同塔多回输电线路在国外已被广泛应用，尤其在经济发达且人口密集的日本和欧洲部分国家应用较多。在德国，为有效利用线路走廊，政府规定凡新建线路必须同塔架设两回以上。在德国的高压和超高压线路中，同塔 4 回为常规线路，同塔最多线路回数为 6 回。截至 1986 年，德国的同塔多回路紧凑型线路总长就有约2.7 万 km，至今已有 50 多年的运行经验。日本东京电力公司因辖区土地资源紧张，为减少线路走廊用地，尽量采用同塔多回路输电方式。110kV 及以上的线路多数为同塔 4回路，500kV 线路除早期两条为单回路外，其余均为同塔双回路。目前，日本同塔多回路输电线路最多回路数为 8 回。

我国采用同塔多回路输电始于 1980 年，目前国内 220kV 输电线路中已较多采用双回路或四回路输电，部分 500kV 输电线路中也已开始应用。

2.1.4 新型导线技术

使用导电率高、强度大、质量轻、弛度小和价格性能比优良的架空输电导线始终是提高输送容量、降低损耗、保护环境的有效途径。

（1）大截面导线输电技术。大截面导线输电技术是指超过经济电流密度所控制的常规的最小截面导线（例如 220kV，300mm²；500kV，4×300mm²），而采用较大截面的导线（如 500kV，4×500mm²、4×630mm²、4×800mm²），以成倍提高线路输送能力的新型输电技术。导线截面增大后，单位长度导线的电阻减小，在热容量限制内，其允许载流量将增大，从而提高其输送功率。大截面导线的使用，能够减少线路走廊数，节约土地资源，而且由于减小了导线的电阻，线路损耗大大降低。随着导线截面的增加，输电线路的表面场强减小，电晕损失也相应减小。地面场强虽有增加，但增加的幅度不大，对输电线路影响不大，且无线干扰与噪音污染也大大降低。

另一方面，输电线路采用大截面导线，将会增加一次性投资，但为承受更大的应力，设计并建造承受大荷载的杆塔、生产与大截面导线配套的金具是大截面导线广泛应用与发展的关键。目前，我国有许多电线电缆厂家有生产大截面导线的能力，国内大截面导线的施工设备及施工技术已达工程要求。

根据大截面导线输电技术的优势和特点，大截面导线输电技术适用于人口较集中、用电需求大、潮流较集中、短距离输电线路中。另外，在一些大容量送出的中短距离输电线路中（如变电站、发电厂出口处），也有很好的效果，且在超特高压直流输电中也适合采用大截面导线输电技术。

国内已先后在华东、华中、南方等地区建成和投运采用 500～720mm² 大截面导线的 500kV 输电线路，华北地区的 500kV 大截面导线输电线路也在建设中。

（2）耐热导线输电技术。耐热导线输电技术是指采用耐热导线，提高导线允许温度，增大导线输送电流，从而提高线路输送容量的新型输电技术。

提高导线的允许温度从而提高线路的输送容量，在架空输电线路上使用耐热导线，无论从技术上分析还是在工程中实际应用都是完全可行的。与普通导线相比，耐热导线自身具备耐受高温的能力，在高温下仍然有良好的机械性能；但耐热导线的电阻率较一般钢芯铝导线高，影响其导电性能。在相同条件下，耐热铝合金绞线的机械特性与传统钢芯铝绞线基本相同。在相同温度下，当档距较大时，耐热铝合金绞线弧垂甚至优于钢芯铝绞线。因此，耐热导线与普通导线相比具有非常大的优势，特别适合用于长距离、大跨越、超高压输电。在线路走廊狭窄地区，只需要更换相近截面规格的耐热铝合金导线，基本上不需要征用线路走廊更换杆塔，就能满足增加输电容量的要求，使原有线路提高 40%～60% 的输电容量，不仅节约了大量的工程投资和宝贵的土地资源，而且施工快速，经济效益和社会效益显著。

耐热导线输电技术的优势在于不但提高了输电容量，而且对于其输电线路的各个环节并没有太大影响，既没有增加杆塔、绝缘子及金具所受的荷载，也没有影响线路绝缘与无功补偿。与常规型线路相比只是将导线更换为耐热型导线，除线路电阻增大、弧度有所增加外，对输电线路基本没有任何不良影响。而与此同时，耐热导线的表面温度较高，表面结冰相对比较困难。因此耐热导线输电方式抗击风灾和地震的能力与普通导线输电方式差不多，但其抗击冰灾的能力比普通导线输电方式高。

我国耐热导线的研究是从 20 世纪 60 年代开始的，与铝合金导线的研究同时进行，至今已有 50 多年历史，但应用耐热导线输电却起步较晚，近年来才开始正式在工程中应用。

我国目前耐热导线的应用占比低于全部架空输电导线的 2%，而该技术在国外早已大量使用，如日本在 20 世纪 80 年代耐热导线用量已经超过全部导线用量的 40%，欧美也达到 30% 以上。由此可见我国耐热导线输电技术的应用还有很大的发展空间，潜力巨大。

（3）复合材料芯导线输电技术。利用 21 世纪最新技术的有机复合材料（碳纤维或铝基陶瓷纤合导电维）替代导线的金属材料（如镀锌钢线、铝包钢线等）承力部分，作为导线的芯线是一大进步。这种新型复合材料芯具有重量轻、强度大、耐高温、耐腐蚀、蠕变小、线膨胀系数小等一系列优点。

日本是开发架空线路特种导线品种较多的国家，新型复合材料合成芯导线最早是作为一种改进型低驰度导线提出的。在输电线路跨越障碍时，使用低驰度导线可以有效提高绝缘距离，特别是在旧线路改造过程中，可以避免杆塔的重复建设，提高土地利用率。根据碳纤维复合材料比普通钢芯强度大、线膨胀系数小的特点，开发出了以碳纤维复合材料芯替代钢芯的复合材料合成芯导线，称为 ACFR（Aluminum Conductor Carbon Fiber Reinforced）。这种复合材料合成芯导线的外形、结构构造形式和尺寸与通常的 ACSR（Aluminum Conductor Steel Reinforced）线相同，原来的绝缘子、金具及施工工具均可以继续使用，在杆塔不变的情况下，仅需要更换导线。实际上，新型复合材料合成芯导线的优点远远不只低驰度一个方面。与普通钢芯相比，复合材料芯线的质量约为钢芯的 1/5，线膨胀系数约为钢芯的 1/12，拉伸强度提高约 30%。

美国新型复合材料合成芯导线开发研究较为成功的是 Composite Technology Corporation 公司，该公司于 2003 年推出型号为 ACCC（Aluminum Conductor Composite Core）的复合材料合成芯导线，它的芯线是以碳纤维为中心层，用玻璃纤维包覆制成的单根芯棒。高强度、高韧性配方的环氧树脂具有很强的耐冲击性、耐抗拉应力和弯曲应力。将碳纤维和玻璃纤维进行预拉伸后，在环氧树脂中浸渍，然后在模具中高温固化成型为复合材料芯线。芯线外层与相邻外层铝线股为梯形截面，这种结构型式更有利于提高直线管、耐张线夹与导线的压接强度。其次，由于芯棒外层为绝缘性好的玻璃纤维层，芯棒与铝线之间不存在接触电位差，使铝导体免受电腐蚀。另外，这种导线由梯形截面铝线形成的外表面远比传统 ACSR 钢芯铝绞线表面光滑，提高了导线表面粗糙系数，有利于提高导线的电晕起始电压，能够减少电晕损失。

碳纤维复合芯软铝绞线在我国也获得了广泛的应用：2006 年福建省厦门电业局 220kV Grosbeak 7.3km 在 10 月安装投运；江苏省电力公司无锡供电公司、常州供电公司分别在同年 10 月和 11 月建立了碳纤维复合芯软铝绞导线示范工程线路（110kV 新线路和老线路 21km 改造）。2007 年，在辽宁抚顺 220kV 辽元 I 线工程，浙江宁波 220kV 河慈 4P67、4P68 线增容改造工程中，陆续采用了碳纤维复合芯软铝绞线。华北电力科学研究院还研发出了拥有完全自主知识产权的复合芯软铝绞线。

2.2 灵活交流输电技术

2.2.1 可控串联补偿

串联补偿技术是一种提高稳定极限的有效经济手段。在输电线中间加入串联电容器能减小线路电抗，缩小线路两端的相角差，从而获得较高的稳定裕度，并传输较大的功率。但是固定串联补偿不能灵活调整阻抗和响应系统的运行状态变化，在抑制系统振荡、灵活控制潮流等方面不够理想，此外还可能引起次同步谐振问题，因此晶闸管控制的可控串联补偿装置 TCSC（Thyristor Controlled Series Capacitor）应运而生。TCSC 主要是由电容器和双向晶闸管控制的电感并联而成，通过控制晶闸管的触发角实现对阻抗的平滑控制。因此它在提高系统传输能力、控制系统潮流、抑制系统振荡、提高暂态稳定性等方面有广泛的用途。由于它具有多种控制功能和良好的经济效益，因此成为最早实现工业应用的柔性交流输电系统（Flexible Alternating Current Transmission System，FACTS）元件之一。

可控串联补偿共分为四类：

（1）晶闸管投切的串联电容（Thyristor Switched Series Capacitor，TSSC）；

（2）晶闸管控制串联电容；

（3）晶闸管投切串联电感（Thyristor Switched Series Reactor，TSSR）；

（4）晶闸管控制串联电感或可控串联电感（Thyristor Controlled Series Reactor，TCSR）。

可控串联电容补偿装置的一次主回路主要由四种元件组成：电容器组 C、电感 L、双向晶闸管（Silicon Controllde Rectifier，SCR）以及氧化锌避雷器（Metal Oxile Varistor，MOV）。此外还有旁路断路器、触发间隙等保护装置。可控串补的主电路接线示意图如图 2-3 所示：

TCSC 通过控制晶闸管触发角 α，改变流经电抗器的电流值，从而改变 TCSC 的电抗，其 TCSC 稳态基波电抗 X_{TCSC}（α）和触发角 α 的关系曲线如图 2-4 所示：

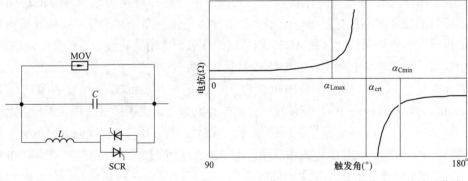

图 2-3　可控串补的主电路示意图　　图 2-4　TCSC 稳态基波阻抗和触发角 α 的关系曲线

由图 2-4 可以看出，当 $\alpha_{crt}<\alpha\leqslant180°$ 时，TCSC 呈容性；当 $90°\leqslant\alpha<\alpha_{crt}$ 时，TCSC 呈感性。当触发角 $\alpha=\alpha_{crt}$ 时，TCSC 处于谐振状态，为了防止 TCSC 工作在内部谐振区，设

定了晶闸管的最小容性触发角 α_{Cmin} 和最大感性触发角 α_{Lmax}。

TCSC 的基本工作模式通常有四种：

（1）晶闸管闭锁模式：此时的触发角等于 180°，电感支路不导通，电流全部流过电容器，TCSC 的运行特性如同固定串联补偿，此时对应的容抗值称为基本容抗值。TCSC 在此状态下的线路补偿度称为基本补偿度。

（2）容性调节模式：此时 $\alpha_{crt}<\alpha<180°$，在电感支路中产生电流，其方向和电容中的电流方向相反，电感支路中的电流和线电流都流经电容器，增大了电容器两端的电压，相当于增大了 TCSC 的电抗值，此时 TCSC 的电抗值呈容性。TCSC 的容抗值在其容性最小值和容性最大值之间可调，容性最小值是 TCSC 的基本容抗值，而容性最大值通常是最小值的 1.7~3.0 倍，主要取决于线路电流和串补的短时过载能力等条件。TCSC 运行于该模式，在暂态过程可以提高容抗值来增大补偿度，提高系统的暂态稳定性；在动态过程可以调节其容抗值抑制系统振荡；在稳态过程，可调节容抗值使系统的潮流得以合理分布，降低网损。

（3）旁路模式：此时的触发角等于 90°，晶闸管全部导通，串联电容器被旁路，TCSC 呈现为一个小感抗。通常 TCSC 在短路故障期间运行于该模式，以降低短路电流，减少 MOV 吸收的能量。

（4）感抗调节模式：此时 $90°<\alpha<\alpha_{crt}$，TCSC 呈现为一个感性可调电抗。在 TCSC 的电感支路和电容支路内形成一电流回路，线电流和电容器中的电流共同流经电感支路。

在实际运行中，由于受到很多条件的限制，可控串补只能在一定的范围内运行，这些限制条件包括：电容和电感的内部谐振区、电容器过载能力、MOV 电压保护、谐波电流等等。TCSC 的实际运行范围曲线如图 2-5 所示，图中的直线 A、B、D、E 分别表示晶闸管触发为 α_{Cmin}、180°、90° 和 α_{Lmax} 时所对应的电抗；曲线 C 为电容器的电压/电流耐受能力限制；曲线 F 为谐波发热限制；曲线 G 为晶闸管电流限制。TCSC 的运行范围随持续运

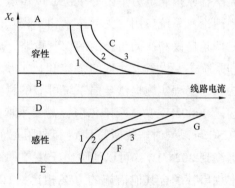

图 2-5 TCSC 实际运行范围

行时间长短不同而变化，图 2-5 中给出了三个典型的运行范围：连续运行区、30min 过负荷区和 10s 过负荷区，分别为曲线 1、2 和 3。

可控串补利用电力电子器件快速调整其基波等值容抗值，从而改变串联线路的等值阻抗。因此，可控串补不但具有常规串补的作用，还具有灵活控制线路潮流、提高系统暂态稳定性、阻尼系统低频振荡的作用。同时，可控串补还具有抑制次同步谐振（Sub Synchronous Resonanle，SSR）的功能，因而可消除 SSR 对补偿度的限制，使补偿度提高。此外，由于可控串补的晶闸管控制速度快，在故障期间，可控串补还可通过晶闸管旁路降低短路电流和 MOV 的能量定值起到保护系统的作用。总之，与固定串补相比，可控串补具有明显的优越性。

在超高压输电系统中，可控串补主要应用于以下领域：

（1）提高输电系统的输送能力。利用可控串补可以提高系统某一输电走廊的输送能力，改善输电线路上的电压分布。

（2）提高系统稳定水平。如果安装位置合适，串联补偿能够减少机组间电气距离，增加同步力矩，提高稳定水平。由于可控串补可以利用电容器的短时过载能力，因而提高系统暂态稳定水平的能力通常比常规串补高。

（3）在网状电网中，可控串补可用于控制线路潮流。如果控制得当，可降低网损，消除潮流迂回，改善潮流分布，防止过负荷，提高输送能力。

（4）增强系统阻尼。互联电网或地区电网之间在一定条件下会存在弱阻尼或负阻尼的振荡模式。利用可控串补可以改善阻尼，提高系统动态稳定性。

（5）可控串补可用于消除 SSR 风险，使补偿度提高。

（6）可控串补在故障期间，通过晶闸管旁路可降低短路电流和 MOV 的能量定值。

自可控串联补偿在 1991 年被美国电力公司在 Kanawha River 站投入商业运行以来，国外已经有 5 个工程正式投入运营（美国 3 个、瑞典 1 个、巴西 1 个），所应用的输电线路最高电压等级是 500kV。

我国对可控串补的研究工作在 1996 年展开。自 1996 年开始，在国家电网公司、国家自然科学基金委员会和原东北电力集团的支持下，由中国电力科学研究院、清华大学、原东北电力集团等单位，以伊敏—冯屯 500kV 输电系统为背景进行 TCSC 的控制理论、系统应用、关键技术和工程化研究。该研究解决提高系统暂态稳定水平、阻尼低频振荡和次同步振荡的控制策略、方法和控制器设计等关键技术问题；提出装置和系统主要设备及元件的参数和技术规范，掌握和完善了 TCSC 装置和系统的设计方法，为工程实施提供全面系统可靠的科学依据。伊冯输电系统通过两回线长约 700km 输送 2000MW 功率至哈尔滨，需要采取措施解决暂态稳定和弱阻尼问题。采用 25% 的 TCSC 可以同时解决暂态稳定和弱阻尼问题。计算结果显示输送功率极限从 1600MW 提高到 2024MW，可以消除由于跳单回线造成的暂态和动态不稳定并能防止 SSR。与常规串补配合其他措施的方案相比，TCSC 具有综合技术优势。采用串补比再架一回线节约投资 5.3 亿，且该工程通过大兴安岭林区，不能再架线路，也宜于采用可控串补等手段。

我国目前投运的可控串补工程为天广可控串补，2003 年 7 月通过系统调试投入实际运行。线路长度 313km，采用 35% 常规串补和 5% 可控串补，常规串补容量 2×350Mvar，可控串补容量 2×60Mvar。安装可控串补使输电能力提高了 16~24 万 kW（补偿度 50%），并且能够抑制低频振荡。

我国甘肃电网 220kV 碧成 TCSC 示范工程的建设，为可控串补工业化打下基础，2004 年 10 月底投运。电容器基本容量为 95.4Mvar（三相），阻抗调节范围为 21.7Ω~54.2Ω（容性）。碧口地区可以外送电力达 36 万 kW 以上，线路稳定极限为 24 万 kW。采用 50% 的可控串补可以满足外送需要，汛期内可多送电量 4.21 亿 kWh。

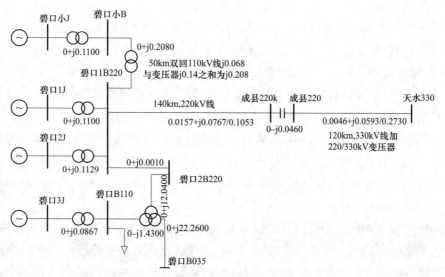

图 2-6 甘肃电网 220kV 碧成 TCSC 示范工程

2.2.2 可控高抗

（1）晶闸管控制电抗器。

晶闸管控制的电抗器原理图见图 2-7。

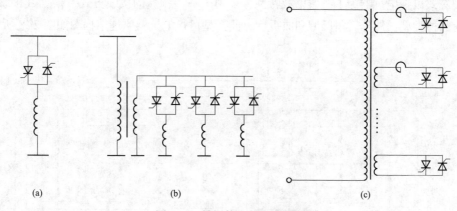

图 2-7 晶闸管电抗器原理图

（a）相控电抗器；（b）相控高阻抗变压器型补偿装置；（c）多绕组变压器型晶闸管电抗器

图 2-7（a）为相控电抗器（Thyristor Controlled Reactor，TCR）。使用相控电抗型补偿装置需要注意以下问题：在过电压下，当铁芯饱和后容易产生谐波和激发谐振，且由于电抗值迅速下降，将引起阀体严重过负荷。另外，气隙漏磁可能引起严重的发热和振动。

TCR 的优点为反应快，可用于电弧炉等变化迅速的负荷，在超高压系统中用于抑制工频过电压的效果比较好；能分相调节；可接受多路信号做多种功能的综合调节；不会产生电磁谐振。

TCR 的缺点为：有自生谐波，对于谐波量很小的负荷，可能也需要额外设置滤波器。但对于应用在大电力系统中的大容量静止无功补偿系统（Static Var System，SVS），可采用 12 脉冲裂相方案，便只有 11 次以上的微量谐波，即 12P±1 次谐波，因而往往不需另置滤波器。

另外，在使用相控电抗器进行输电线路补偿时，会遇到高备用损耗的严重经济缺点，这是由于在无功功率输出为零（备用状态）时，固定电容器中的电流必须由晶闸管控制电抗器中的电流抵消，这种在电容器、电抗器和晶闸管开关中循环的全额电流引起损耗的很大，并且这种状态在输电系统中通常要长时间存在，导致经济损失的较大。

图 2-7（b）为相控高阻抗变压器型补偿装置（Thyristor Controlled Transformer，TCT）。

该类型电抗器的优点是可以直接接入系统，并且在过电压时不发生铁芯饱和问题。缺点是：漏磁屏蔽问题；降低功率损耗问题；直流偏磁问题产生非特征谐波。

图 2-7（c）所示为多绕组变压器型硅可控电抗器。此种结构的电抗器不会向系统释放高频谐波，可直接接入高电压系统并且动作迅速。但是因为该电抗器控制系统的功率与整个电抗器功率相等，不仅增加能耗，而且占地面积巨大。该类型电抗器有一台样品机是由俄罗斯制造，在印度试点应用。

（2）激磁型可控电抗器。激磁型可控电抗器结构形式多种多样，特性各异。近几年的研究表明，最具有应用前景的有两种：裂芯式和磁阀式。

裂芯式可控电抗器为了改善谐波特性，采用了一些特殊的接线方式，根据其接线方式可分为两种类型：外延三角形型和曲折型。曲折型可控电抗器原理结构图如图 2-8 所示。

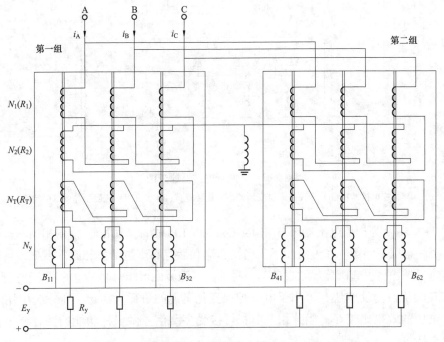

图 2-8　裂芯式可控电抗器原理结构图（曲折型）

裂芯式可控电抗器通过调节直流电源 E_y 和相应电流的大小来改变铁芯的饱和程度，从而平滑的改变电抗器的投入容量。裂芯式可控电抗器采用外加直流励磁系统，其稳态伏安特性曲线的非线性很明显，如图 2-9 所示。

磁阀式可控电抗器原理结构如图 2-10 所示。

与裂芯式可控电抗器一样，磁阀式可控电抗器的主铁芯也分裂为两半，但其每一半铁芯中都有一小段小截面段，工作时，该小截面段一般都达到深度饱和，甚至是接近极限饱和，因而磁阀式可控电抗器的谐波十分小。

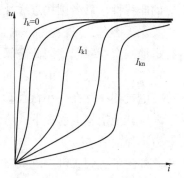

图 2-9　激磁型可控电抗器伏安特性

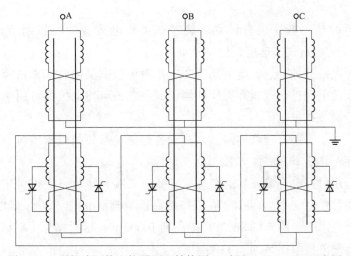

图 2-10　磁阀式可控电抗器原理结构图（适用于 110~500kV 电网）

磁阀式可控电抗器中有晶闸管控制电路，通过改变晶闸管的触发角变可改变控制电流，从而改变铁芯的磁饱和度，平滑调节可控电抗器的无功输出。

由于磁阀式可控电抗器不需要单独的直流控制电源，因而其伏安特性曲线接近线性，见图 2-11。

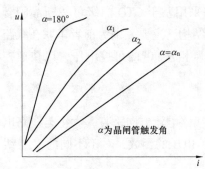

图 2-11　磁阀式可控电抗器伏安特性

裂芯式可控电抗器和磁阀式可控电抗器两者的工作原理基本是一致的，即用直流电流控制铁芯的磁饱和度来达到平滑调节的目的，两者都可直接接入高压电网（1150kV 及以下），电抗器的调节时间较快，可适应系统过渡过程中对工频过电压的限制要求，但两者具体结构的差异导致它们在运行特性和性能上的差异较大。

首先，裂芯式可控电抗器需要单独的直流电源，而磁阀式可控电抗器可利用电网电压经绕组自耦变压后由晶闸管整流获得。这就造成了两者的工作特性有很大差别：前者的伏安特性呈现明显的非线性，后者则接近线性。

其次，裂芯式可控电抗器的工作绕组和控制绕组是分开的，而磁阀式结构则是将两者有机地结合在一起，因此磁阀式结构的可控电抗器的损耗要小于裂芯式可控电抗器。

再者，裂芯式可控电抗器的半铁芯面积大小一致，工作时一般饱和度较低，而磁阀式可控电抗器中存在一小截面段铁芯可达深度饱和，其余铁芯处于未饱和状态，因此，在不采取其他措施的前提下，后者的谐波分量明显小于前者，但这也导致了后者的过负荷能力不如前者。

此外由于磁阀式可控电抗器省去了外加直流控制电源，结构也较裂芯式可控电抗器简单，因此其制造成本较低，而且晶闸管控制电路使其拥有了可控硅控制电抗器的优点。

最后，两者的动态特性也有区别，裂芯式可控电抗器的容量调节速度最快可达0.06s，而磁阀式的容量调节速度最快可达0.3s。

考虑到两种电抗器的特点，电网具体在应用时可根据具体要求来选择：磁阀式可控电抗器适用于高压电网进行调压和无功补偿，而裂芯式可控电抗器可用于线路充电功率补偿并大幅度限制操作过电压。

到目前为止，俄罗斯等独联体国家，对于各种额定参数的磁阀型可控电抗器，包括电压等级为500kV的，均具备生产能力。

欧洲也有应用可控电抗器成功的经验，在挪威和瑞典间的一条400kV线路因动态稳定问题限制了正常送电功率，1981年在联络线靠近瑞典系统侧安装了360Mvar的晶闸管控制电抗器，送电水平由原来的800MW提高到1000MW。随后增加了对该电抗器的附加控制，成功地将送电极限提高到了1100MW。

我国20世纪70年代中期武钢就有四套容量为142.4Mvar的大型可控电抗器投入运行，至今情况良好。华中电网也有可控电抗器运行成功的经验。

2.2.3　静止同步串联补偿

静态同步串联补偿器（Static Synchronous Series Compensator，SSSC）和静止同步补偿器（Static Synchronous Compensator，STATCOM）都采用基于GTO门级可关断晶闸管（Gate-Turn-Off Thyristor，GTO）的同步电压源换流器结构，主要差别为前者串联在线路中，后者并联接入。SSSC的原理是向线路注入与其电压相差90°的可控电压，以快速控制线路的有效阻抗，从而进行有效的系统控制。

SSSC的主要特点如下：

（1）灵活调节线路功率。SSSC的补偿电压方向与线路电流方向垂直，大小与线路电流无关。含有SSSC的线路功率为功角差δ和SSSC等值电压的函数，对于不同的V_q，线路功率P与功角差δ之间的关系曲线如图2-12所示。

由图2-12可以看出，SSSC可以使线路功率有较宽的变化范围。SSSC可以增大线路的传输功率，当功角差δ位于0°和90°之间时，增大的幅值相差不大。如果将SSSC等值电压源反向，可以减小线路的传输功率，相当于增加一个正的电抗值。如果该等值反向电压源的幅值大于没有补偿时线路两端电压的幅值，即 $V_q > V_1 - V_2$，线路功率则会反向。经过分析表明，功率的反向过程比较快，并且是平滑连续的。

（2）如果直流侧含有直流电源可以与系统交换有功功率。如果直流侧含有直流电源，如蓄电池等，则通过控制 SSSC 等值电压源相对于线路电流的角度，不但可以与系统交换无功功率，还可以与系统交换有功功率。该特性可以同时补偿线路阻抗的电阻和

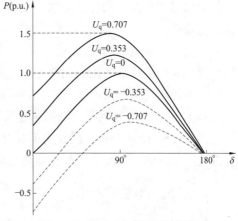

图 2-12 含 SSSC 线路功率曲线

电抗部分，可以保持较高的电抗电阻比（X_L/R）。在实际线路中，特别是 115kV、230kV 线路，电抗与电阻之比通常比较低，这将会限制线路最大的有功功率传输能力。对不同的电抗电阻比 X_L/R，有功功率与功角差的关系如图 2-13 所示。

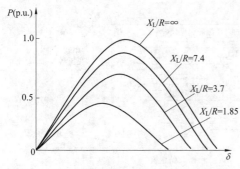

图 2-13 对应不同 X_L/R 的有功功率曲线

从图中可以看出，随着 X_L/R 的降低，线路最大传输功率下降。如果 SSSC 直流侧有电源，就可以控制 SSSC 补偿线路电阻的部分压降，提高线路的传输能力。此外，在动态过程中，SSSC 与系统发生有功交换，可以向系统提供正阻尼，抑制系统的振荡。

（3）抑制次同步谐振。当在线路中安装一定串补度的固定串补时，可能会引起次同步谐振，因为电容器和电抗器的电抗值是频率的函数，在某些特定的频率下，串联的电容和系统其他部分的电抗可能会形成次同步谐振。SSSC 不会引起次同步谐振问题，因为 SSSC 等值为一个电压源，在基频下相当于在线路中串入一个阻抗，而在其他频率时理论上的输出阻抗为零。实际上由于漏抗的存在使得在其他频率时相当于小感抗，因此不会与系统其他部分电抗形成串联谐振回路。SSSC 的补偿电压与线路阻抗、电流等系统参数的变化没有关系，不会随着系统参数的变化而变化，而是由其控制系统决定的，因此在基频条件下，也不会形成串联谐振回路。

SSSC 可以抑制系统次同步谐振，因为 SSSC 的响应速度很快，可以改变其等值阻抗抑制系统中的次同步谐振。

（4）控制范围比较大。SSSC 可以提供感性和容性补偿电压，SSSC 的额定容量可以表示为最大线路电流和最大串联补偿电压的乘积。由于 SSSC 既可以提供感性补偿又可以提供容性补偿，因此它的最大控制范围可以达到 2 倍的额定容量。

总之，SSSC 有如下的主要特性：

（1）可以产生感性和容性串联补偿电压，与线路电流的大小没有关系，可灵活调节线路有功功率；

（2）直流侧有电源的条件下，可以与系统交换有功功率，相当于补偿线路电阻，可以提高整个线路电抗电阻比。调节与系统的有功交换，可以抑制系统振荡；

（3）不仅不会引起次同步谐振，还可以抑制次同步谐振。

此外，SSSC响应控制指令的速度比较快，并且具有适应单相重合闸时非全相运行状态的能力。SSSC设备中只有耦合变压器直接与线路串联，可关断晶闸管以及直流侧储能电容都位于低压侧，因此只需要较低的绝缘水平。

2.2.4　统一潮流控制器

美国西屋电气公司（Westing House Electric Corporation）的 Gyugyi. t. 博士于1991年首次提出了统一潮流控制器（Unified Power Flow Controller，UPFC）的概念，UPFC综合了许多FACTS器件的灵活控制手段，被认为是最有创造性且功能最强大的FACTS元件。

（1）UPFC的基本概念。UPFC是由并联补偿的静止同步补偿器和串联补偿的静止同步串联补偿器相结合组成的新型潮流控制装置。

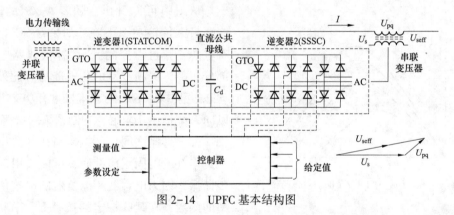

图 2-14　UPFC 基本结构图

UPFC结构如图2-14所示，包括通过一个公共直流端相连接的两个VSC。其中一个VSC逆变器1，通过耦合变压器与输电线路并联连接；另一个VSC逆变器2，通过一个交接变压器串联插入输电线路中。

UPFC的功率变换部分由两个变换器通过共用的直流母线连接成背靠背的形式，共用一组直流母线电容，这种电路拓扑结构能实现两个变换器交流端之间的有功功率双向流动，同时每个变换器都可以在其交流输出端产生或吸收无功功率。

在构成UPFC的双变换系统时，逆变器2通过串联在输电线路中的变压器向电网中注入幅值和相位可调的电压 U_{pq}，U_{pq} 是实现UPFC电网控制功能的主要部分，其注入的电压表现为一个基频交流同步电压源，传输线的电流流经这个电压源会导致其与电网之间的有功、无功功率交换。

变换器1的基本功能是提供或吸收由变换器2与电网发生功率交换所致的直流有功功率需求。这种直流有功功率需求由变换器1转变为交流形式并通过一个并联变压器耦合进电网。除了补偿变换器 2 所需的有功功率以外，变换器 1 还能够产生或吸收可控的无功功率，为线路提供独立的并联无功补偿。

（2）UPFC 的基本原理。从本质上说，UPFC 可以看成一个与系统同频、幅值和相角可控、与传输线串联的同步电压源。其幅值 U_{pq} 的可控范围为 $0 \leqslant U_{pq} \leqslant U_{pqmax}$；相角 ρ（以下简称 UPFC 的控制角）的可控范围为 $0 \leqslant \rho \leqslant 2\pi$。将其串联于双机系统中的传输线上，可得如图 2-15 所示含有 UPFC 传输系统的简化原理图。

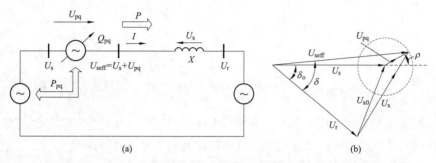

图 2-15　含有 UPFC 的传输系统简化原理图
(a) 原理图；(b) 向量图

图中 U_s、U_r 和 U_x 分别表示系统的送端系统电压、受端系统电压和传输线电抗压降。但此时，由于 UPFC 的引入，送端的实际有效电压变为 $U_{seff} = U_s + U_{pq}$。由图 2-15 可见，UPFC 借助于可调的幅值 U_{pq} 和可调的相角 ρ 与传输线产生有功功率和无功功率的交换，因此，通过调整 U_{pq} 和 ρ 可以达到控制线路传输的有功功率和无功功率的目的，这就是 UPFC 的基本工作原理。特别值得注意的是，由于 UPFC 本身可以向系统注入或从系统吸收无功功率 Q_{pq}，而其与系统交换的有功功率 P_{pq} 则须由传输线的一端（通常为送端）来提供，这也是 UPFC 与大多数 FACTS 设备的不同之处。

（3）UPFC 的应用场景。UPFC 将一个由换流器产生的交流电压加在输电线相电压上，使其幅值和相角均可连续变化，从而实现线路有功和无功功率的准确调节，并可提高输送能力以及阻尼系统振荡。

在灵活交流输电系统中，几乎所有的 FACTS 装置都只能调节影响电力线输送功率的三个参数中的一个，但 UPFC 可以同时调节三个参数，即可以同时补偿线路参数、调节节点电压幅值和节点电压相位。此外，还能实现并联补偿、串联补偿等基本功能以及这些基本功能间的相互组合作用，其主要控制功能矢量图如图 2-16 所示。

1）电压调节功能。当输入节点电压幅值突然发生变化的时候，为了使线路上传输的有功、无功功率能够及时得到修正，可采用电压调节功能。UPFC 串联注入电压和输入节点电压的相位相一致，控制的幅值使得输出的总电压的幅值与指定的参考值相同，从而消除电压闪变，改变、修正系统的潮流，稳定电压。

2）相角调节功能。当负载需求的有功功率增加时，发电机通过调节功角来改变系统提供的有功功率，满足负载的要求。但是这样会引起发电机端电压下降，内部损耗增大，因此采用 UPFC 的相角调节模式，负载需要的有功功率通过串联侧的注入电压来补

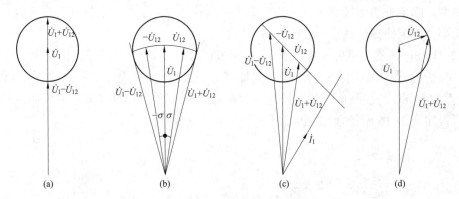

图 2-16　UPFC 主要控制功能矢量图

(a) 电压调节功能；(b) 相角调节功能；(c) 阴抗补偿功能；(d) 自动潮流调节功能

偿，发电机的功角不变，从而在不必调控输电线路两端电压相位的情况下，可连续调控输电线传输有功功率的大小，使电力系统中功率流向及大小经济合理。

3）线路阻抗补偿功能。感性负载电流流过线路电抗的时候会使负载端电压下降，远距离传输线路上的电抗值很大，进而使得输电线输送功率极限能力下降，危害电力系统运行稳定性。因此要进行线路阻抗补偿。补偿电压和线路上的电流成比例的变化，使得从线路一端看 UPFC 相当于一个串联的阻抗；指定一个期望的阻抗参考值，大体上相当于一个有极性的电阻和电容或电感组成的阻抗；当与线路上的电流垂直时如图 2-16 (c) 所示，UPFC 就相当于一个阻抗补偿器（感性或容性），此操作模式用来匹配系统中存在的串联容性线路补偿。它既能连续调控、又能双向补偿（升高和降低电压），且在合适的控制下不会引发 LC 振荡，是一项先进的调控电网节点电压、补偿线路感抗、增强电力系统传输功率极限、增加电力系统稳定性的非常有效的先进技术。

4）动态潮流控制功能。在实际电力系统的运行当中，不仅会有电网电压的闪变，而且线路上传输的有功和无功潮流也会发生变化，因此采用了 UPFC 的自动潮流控制模式，它实际上是上述几种模式的综合。如图 2-16 (d) 所示，通过控制电压的幅值和相位，改变线路上的电流，从而调节线路潮流。在这种模式下，串联的电压通过一个反馈环节自动调整，以确保线路上的有功和无功维持在指定的参考值上，这样有 UPFC 的传输线路对于电力系统的其余部分表现出高阻抗功率源的特征，这种工作模式是用传统的线路补偿装置无法实现的，它更便于潮流的调节和管理，还可以用来处理系统的动态干扰，例如阻尼系统振荡。

5）无功补偿功能。UPFC 的并联部分可以独立地向电网提供无功功率，因此可以控制 UPFC 并联部分向接入节点提供无功补偿，起到支撑输入节点电压的作用。

（4）UPFC 工程应用情况简介。

1）美国 Inez 工程。肯塔基州东部 Inez 变电站的地区负荷为 2000MW，由几条长距离重负荷的 138kV 线路供电，系统电压主要由安装在 Beaver Creek 138kV 变电站的静止无功补偿装置和二次变电站的并联电容器组来支持。Inez 地区 138kV 输电系统的运行特点是：输电距离远，并联电容器集中，线路负荷率高，母线电压低，有功与无功损耗大；供电网络的稳定裕度很小，一旦发生故障，就可能导致大面积的停电事故。

Inez 地区迫切需要电压支持和增加有功电源设备，以解决正常、单一故障和多重故障方式下系统存在的问题。除了部分线路、变电站适当增容扩建外，1998 年 6 月在 Inez 变电站建设了一条新的双回 138kV 线路，同时在 Inez 变电站安装了由线路潮流控制设备和动态电源设备构成的统一潮流控制器，以充分利用新线路的输送容量，分别独立动态控制电压以及线路的有功和无功潮流。

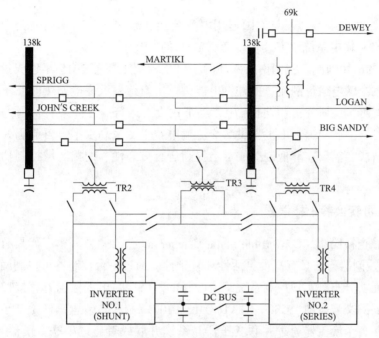

图 2-17　安装于 Inez 变电站的 UPFC 单线图

Inez 变电站的 UPFC 接线如图 2-17 所示，UPFC 的组成包括 1 个由静止晶闸管开关电路控制的补偿器和 1 个串联电压源逆变器。前者的额定容量为 ±160MVA，它可提供 150Mvar 的无功并联补偿和 UPFC 满负荷运行方式下所需要的 50MW 的有功功率；后者的容量为 ±160MVA，可提供相角转换和串联补偿。两个逆变器同样都有利于实现静止补偿器和串联潮流控制器之间的潮流转换。通过利用 1 个备用并联变压器，两个逆变器都可被用作并联补偿，这样可使总的并联补偿容量达到 ±320MVA。

通过控制开关，上述设备可构成灵活的接线方式，形成诸如 STATCOM、双 STAT-COM、SSSC、UPFC 等运行模式。

Inez 变电站安装 UPFC 后，在两条输电线路故障的情况下，仍可维持变电站母线电压的稳定，消除了电压崩溃的危险。同时，可分别灵活控制新建线路的有功和无功潮流，充分利用了现有输电系统，满足用电需求，并可减少有功损失达 24MW 以上。总的来说，Inez 工程的优点是：消除了负荷过载及低电压，减少了有功功率损耗。

2）韩国 Kangjin 变电站 UPFC 工程。韩国电力公司（KEPCO）、韩国电力研究所（KE-PRI）、Hyosung 公司、西门子（美国）公司和一些地方的研究机构共同合作制造了一套

UPFC 装置。该项目始于 2000 年 4 月，地点选择位于朝鲜半岛南半部的韩国电力公司的 Kangjin 变电站。该项目的第一台 UPFC（额定容量 80MVA，其中串联侧 40MVA、并联侧 40MVA）已于 2003 年安装于韩国的 154kV 输电系统中。UPFC 的并联侧安装于 Kangjin 变电站，串联侧安装在 Kangjin 到 Jangheung 的输电线路上。

目前，UPFC 承担了维持母线电压恒定、均衡潮流以避免输电线路和主变压器过载的任务。主要的设备包括 GTO 型转换器、控制设备、分流器、串联变压器和辅助变压器。

3）法国。法国电力公司与美国通用电气公司、通用电气阿尔斯通公司合作，1997 年在法国 225kV 输电系统中安装了一套±7Mvar 的 UPFC 研究装置。

4）我国的应用情况。我国南京西环网 UPFC 示范工程于 2015 年建成投产，用于均衡南京西环网个输电通道潮流、提升供电能力。上海蕴藻浜变电站 UPFC 示范工程，已完成工程方案可行性研究，预期在 2017 年正式投入运行。总体来看，国内 UPFC 工程应用起步较晚，但已经追赶上世界灵活交流输电技术的最高水平，目前仍处于积累工程运行经验的阶段，需要在降低制造成本、提高运行可靠性、挖掘区域控制功能等方面开展更多工作。

2.2.5　可转换静止补偿器

可转换静止补偿器（Convertible Static Compensator，CSC）是第三代具有电压源换流器的 FACTS 控制器，它具有高度灵活性和复杂性，通过一台控制器可控制两条或更多线路的有功和无功分布，实现控制系统潮流的目的。CSC 的出现标志着直接控制对象从交流输电线扩展到交流电网。CSC、STATCOM、UPFC 和 SSSC 装置一样是基于电压源换流器的控制器，各个换流器通过并联变压器与系统并联或者通过串联变压器与系统串联，它们的直流端可以相连也可以独立。

CSC 除了具有满足系统控制的能力外，对接线和运行方式也有很强的适应性，还具有除了上述三种控制器功能以外的两种新型控制器的功能，即"线间潮流控制器（Interline Power Flow Contollor，IPFC）"和"多线或者广义 UPFC"的功能。图 2-18 为基于 CSC 的双回 IPFC 示意图。

IPFC 与线路串联的 SSSC 的直流端相连，以提供有功功率的交换通道。利用每条线路上的 SSSC，在独立控制无功功率时，实现线路之间有功功率调节，达到控制电网潮流的目的。其运行功能为：均衡两线上的有功功率，将有功功率从重载线路转移到轻载线路上，补偿线路上的电阻型压降及相应的无功功率损失，增强系统的抗干扰能力，

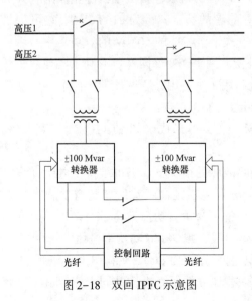

图 2-18　双回 IPFC 示意图

增强系统暂态稳定能力和阻尼系统振荡。为具有多回线路的变电站或者电网提供高效的控制手段。广义 UPFC 则是将多个 SSSC 的直流端和多个 STATCOM 的直流端相连，提供有功功率的交换通道，这样就构成了多个 UPFC 装置，以实现线路有功功率和无功功率的控制。

世界上第一台 CSC 应用于美国纽约电网。纽约电网电源位于纽约北部和西部地区，而负荷中心位于纽约的东南部，电源与负荷中心之间线路的传输能力受到热稳定、电压稳定和动态稳定的限制，妨碍了电力系统的经济调度，是电力市场发展的一大障碍。此外，未来电网的发输电方式更具不确定性。这些都要求电网有更高的安全性和更强的灵活性。

考虑到在运行中一旦遇到严重故障纽约电网可能发生电压崩溃，在纽约电力局（New York Power Authority，NYPA）和美国电科院（Electric Power Research Institute，EPRI）的共同建议下，美国西屋电气公司（Westing House）和美国电力技术公司（Power Technology Inc.，PTI）合作研究具有强大功能的新型控制器——CSC，研究和开发 CSC 的主要目的是适应系统发展的需要和为将来可能的系统变化提供灵活性。该装置安装在纽约 Mercy 变电站 345kV 系统中，工程分为两个阶段，2000 年底在 Marcy 母线上安装 ±200Mvar 的 STATCOM，在 Oakdale 变电站安装 135Mvar 的电容器，这样可以使整个东部断面的功率传输增加 120MW，中东断面的功率传输增加 60MW；2002 年 7 月在两条线路上再安装 180Mvar 静止同步串联补偿器，与 STATCOM 同时运行，控制多条线路的潮流，使系统交换功率再增加 120MW，同时可以控制环流、阻尼系统振荡和减小功率损耗，使现有供电系统发挥更大的作用。

根据系统要求需要，CSC 具有以下几种运行方式：

（1）±200Mvar 的 STATCOM；

（2）±200Mvar 的 SSSC；

（3）±100Mvar 的 STATCOM 和 ±100Mvar 的 SSSC 组合运行；

（4）2 个 ±100Mvar 的 UPFC；

（5）2 个 ±100Mvar 的线路功率控制器。

2.2.6 移相变压器

移相器的原理是在输电线路每相电压中串入一个与相电压垂直的可变电压分量，串入的电压来自于励磁变压器另外两相的线电压。改变串入电压的极性，即可在双倍最大抽头范围内用抽头分段突变调节其幅值，移相器相角的改变通过有载调压元件控制。

如果两个系统通过两条或更多并列线互联时，假如联络线的阻抗不相等，将出现不平衡潮流。在联络线上加装移相器可以控制潮流的分布，通过电压相角的改变对有功潮流进行控制。图 2-19 是一种双芯式移相器结构示意图。

北爱尔兰与爱尔兰电力系统通过 275kV 双回线以及两条 110kV 线路互联。由于线路潮流分布是由线路元件参数决定的，因此无法对潮流进行有效的控制，在某些情况下联络线可能出现过负荷。上述电网通过在 110kV 线路安装移相器控制潮流使联络线正常

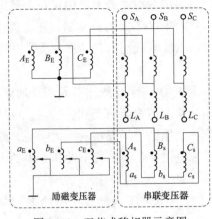

图 2-19　双芯式移相器示意图

运行。

欧美采用常规移相器已较普遍，如英国在400kV 电网中安装了 5 台 2000MVA 移相器，可将由北部到南部电网的输送能力由 5GW 提高到10GW。美国西部电力系统（Western System Coordinating Council，WSCC）中也装有 18 台常规移相器。Shiprock 北部交流系统是美国西部的一个大环网，两台 200MVA/230kV 移相器安装在Shiprock 北部，两台 300MVA/230kV 移相器则安装在 San Juan 的北部，这样从北部进入 Shiprock地区的每一条线路都安装有移相器，此外，在Glen Canyon 地区的 Shiprock 230kV 线路也安装有一台 350MVA 移相器，WSCC 通过安装移相器调节流入西部的非计划潮流，提高了系统输送能力。

2.2.7　相间功率控制器

相间功率控制器（Interphase Power Controller，IPC）最早由加拿大魁北克电力公司（Quebec Hydro-Electric Commission）的 Jacques Brochu 提出，是至今为止的 FACTS 装置中唯——种不采用电力电子器件、仅靠常规器件（如变压器、电容和电感等）组成的控制装置。它的基本指导思想是利用电感支路和电容支路输送功率对于两端功角斜率的互补性，构成功率特性平坦的功率控制装置。相间功率控制器的功能特点如下。

（1）具有鲁棒性强的有功功率控制特性，可以用于控制输电线路输送功率。

（2）感抗与容抗互补，可以用于限制短路电流。

一个完整的 IPC 装置由一个电感支路和一个电容支路并联组成，在电感支路和电容支路中各串联一个移相器，其结构示意图如图 2-20 所示。

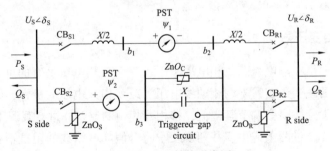

图 2-20　IPC 结构示意图

可以通过改变四个参数 ψ_1、ψ_2、X_L 和 X_C，形成不同的结构，进而使 IPC 具有不同的功能，具有很强的灵活性。IPC 可以省去电感支路移相器或省去电容支路移相器，其原理示意图分别如图 2-21 和图 2-22 所示。

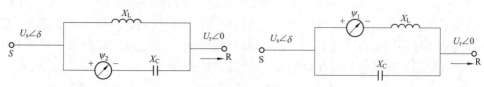

图 2-21　省去电感支路移相器方案电路　　　图 2-22　省去电容支路移相器方案电路

对图 2-22 所示省去电容支路移相器方案，还有一种进一步简化的方案，即省略电感支路的电感，以移相器的漏抗来代替。因此 IPC 的结构灵活多变、主回路可以在 4 个基本元件的基础上进行简化，可以利用已有设备进行部分改造来实现 IPC 的功能，从而节省投资。IPC 一般分为调谐型和非调谐型，调谐型 IPC 电感支路的感抗和电容支路的容抗在工频下相等，而非调谐型则二者相差较大，两者区别如下：

（1）调谐型 IPC 所输送的有功功率对于两端电压功角的变化呈现很强的鲁棒特性，具有良好的短路电流限制特性，故障时具有电压解耦作用，且不产生谐波污染。但调谐型 IPC 也存在相当严重的弱点，一方面由于传输有功功率对于两端电压功角的变化不敏感，因此无法提供足够的同步功率，对系统的稳定性会造成一定影响，在系统稳定性较差的场合不太适用；另一方面，由于电磁谐振的原因，调谐型 IPC 在故障和操作过程中会产生较严重的工频和操作过电压，这也限制了调谐型 IPC 在实际工程中的应用。

（2）非调谐型 IPC 的传输功率对于两端电压功角的变化也不是十分敏感，但鲁棒性不如调谐型 IPC，因而非调谐型 IPC 在进行潮流控制时，还可以提供一定的同步功率，对系统稳定性的影响也比调谐型 IPC 要小；非调谐型 IPC 限制短路电流的能力比调谐型 IPC 差，但也具有一定的短路电流限制能力，而其过电压水平比调谐型 IPC 要低得多。因而，从实用的角度来看，非调谐型 IPC 具有更好的应用前景。

1998 年 6 月底世界第一套 IPC 装置在美国纽约电力局投入商业运行。安装该 IPC 的主要目的是解决在夏季负荷高峰期联络线输送功率受移相器容量制约问题，提高线路输送能力。IPC 投运后，线路传输功率增大了 33%，从 105MW 提高到 140MW。美国亚利桑那的盐河工程局也对其线路采用 IPC 进行了研究。在输送功率相同情况下，用 IPC 代替移相器，可以降低线路损耗，例如输送 1000MW，IPC 方案可以降低损耗 0.9MW。

IPC 的另一个应用位于美国能源电力公司。其系统中的 Willow Glen 变电站连接 230kV 与 500kV 电网，由于负荷密度大，变电站最大短路电流达到 65kA，通过安装 IPC 可将最大短路电流限制到 45kA，IPC 还可以在 500/138kV 变压器或 500/230kV 变压器故障情况下对潮流进行控制。虽然通过采取母线分段的方法也可以减少短路电流，但 IPC 可以在不改变现有电网结构的情况下达到这一效果。该公司还打算在 Waterfor 变电站安装 IPC，希望在降低变电站短路电流的同时，增加 Waterfor 变电站外送电力的能力。IPC 将安装在变电站 500/230kV 变压器侧，在出现故障时可以防止 230kV 线路过负荷。安装 IPC 前 230kV 线路输送功率为 543MW，是线路自然功率的 120%，安装 IPC 后，通过潮流控制，除了可以外送 1000MW 功率外，还可将 230kV 线路传输功率降低到 453MW，改善了线路运行条件。

在某些负荷密度大的强环网中，短路电流已超过断路器的关断容量，一般 FACTS 元件都不能解决此问题，但 IPC 可以当作电流限制器使用，安装在那些短路电流水平已无法用其他方法控制的电力系统节点上，将超过开断容量的变电站互联起来，利用 IPC 的高阻抗特性减小短路电流和减弱两侧母线电压的相互影响。

2.2.8 故障限流器

为了限制短路电流而又不增大系统阻抗，70 年代初 John C. Cronin 就提出了故障电流限制器（Fault Current Limiter，FCL）的概念，经过 30 年的发展，特别是近几年随着大功率半导体器件、高温超导技术、微电子控制技术以及新材料等的发展，涌现了各种类型的故障限流器，按其使用的材料和工作原理可分为：固态故障限流器、超导故障限流器、电阻故障限流器等。其中，超导型和固态型两类故障限流器由于具有独特的限流特性，可以提高线路和电网的整体控制能力、提升电网的运行稳定性，是目前研究最多的限流技术。理想的故障限流器应该对电力系统的正常运行无影响，一旦发生故障能够立即投入以限制短路电流。

早在 20 世纪 90 年代，就有许多关于 275kV 以上电压等级的故障限流器的设计方案，但其实用化与推广应用还需解决一些实际问题。目前所研制的新型固态限流器的电压等级与容量不能满足电力系统发展需要，且存在体积偏大、与已有自动控制装置和继电保护装置等的配合问题；多个限流器之间以及和其他 FACTS 装置之间的协调配合与优化控制问题以及 FCL 投运后电网的调度控制问题。

FCL 投运后只在故障时才动作，需研究一套综合性的数字化在线监测、故障诊断、触发控制和保护策略以确保其在系统故障时可靠动作。相比断路器，FCL 的制造成本、运行维护费用都高出许多，而使用寿命又短很多，这制约了它的实用推广等。随着科学和技术的发展，这些问题正逐渐地被解决。2009 年 12 月 22 日世界首台 500kV 基于晶闸管保护串联补偿（Thyristor Protected Series Compensation，TPSC）技术的 FCL 在中国的瓶窑变电站投运，这也意味着 FCL 在超高压电网中的应用已经成为一种可能。借助于电力电子设备的限流器方案有以下几种：

（1）纯限流的电力电子型故障电流限制器。此种类型的 FCL 借助于电力电子元件的快速通断特性，在设定的阻抗之间快速切换，实现单纯限流的目标。包括以下类型：

1）串联谐振型故障电流限制器。串联谐振型 FCL 在系统正常运行状态下，电容和电感谐振，总阻抗为零，达到不改变系统原始运行状态的目的。在发生短路故障时，利用晶闸管快速短接电容器，串联在系统中的电抗起到限制故障电流的作用。基本原理如图 2-23 所示：

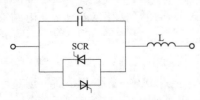

图 2-23 串联谐振型短路
电流限制器原理图

此型 FCL 最初是由串联补偿技术发展而来。它所基于的 TPSC 技术已有成型的设备在实际系统中投入使用，例如，在美国南加州 Edison 电力公司的输电系统中的多个 500kV 变电站中得以应用。

正是基于日趋成熟的 TPSC 技术，西门子公司开发了短路电流限制器（Short Circuit Current Limiter，SCCL），其基本原理如图 3-23 所示。SCCL 在正常运行时，电容 C 与电感 L 构成串联谐振电路，不消耗无功，对系统运行没有影响；短路故障发生时，与电容器并联的晶闸管回路导通，将电容器两端短接，利用电感 L 实现对短路电流的限制。可以看出，SCCL 在系统中运行的主要限制条件为：电容器和电抗器串联回路在稳态时的运行电流，以及在短路故障发生时流经晶闸管与电抗器回路短路电流。

国内，华东电网开展了基于 TPSC 技术的短路电流限制器的相关研究，并于 2009 年 12 月 22 日实现了世界上首台 500kV 电网短路电流限制器工程的投运。示范工程位于华东电网 500kV 瓶窑—杭北线瓶窑变电站内一侧，设备阻抗值 8Ω，额定电流 2000A。通过短路实验表明，安装 FCL 后可降低短路电流 2kA。华东电网 500KV 短路电流限制器示范工程主电路，其结构如图 2-24 所示：

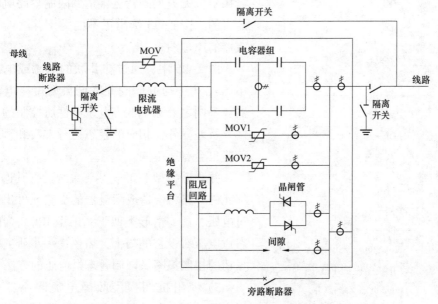

图 2-24　基于 TPSC 技术的 SCCL 结构简图

图 3-30 中各设备的功能如下：

a. 限流电抗器，在短路期间起限流作用。

b. 电容器组，正常工作条件下补偿限流电抗器的感抗，系统短路期间电容器组被快速旁路，限流电抗器快速起到限流作用。

c. 晶闸管阀，这是旁路电容器的主要手段。发生短路故障后应快速导通，旁路电容器组，使限流电抗器起限流作用。

d. 可控火花间隙，是电容器组的过电压保护装置。短路故障下，如果晶闸管阀导通失败，电容器组电压迅速上升到危及电容器安全的水平，则火花间隙应该能迅速动作。

e. 机械旁路开关，在几十毫秒内实现电容器组的可靠短接，也为电容器组投入、退出操作提供手段。

f. MOV 是电容器组过电压保护的必要措施。

g. 阻尼回路，限制并阻尼放电电流，确保电容器组、晶闸管阀、火花间隙、旁路断路器的安全运行。

h. 旁路断路器及隔离开关，为系统操作及检修提供手段。

此型短路电流限制器的优点是晶闸管只在短路故障发生时投入，正常运行时不投入，因而损耗较小。但对电容和电感投切的策略要深入研究，防止短路电流限制器投入时引起系统振荡。

2）并联谐振型故障电流限制器。并联谐振型 FCL 在系统正常运行时，利用电力电子器件调节其参数至失谐，可根据系统的需要调节至容性或感性，以作为补偿元件在系统正常情况下运行；而在短路故障发生后迅速调节其参数至并联谐振状态，运用电容和电感并联谐振阻抗无穷大的特点，达到限制短路电流水平的目的。图 2-25 给出了不同类型并联谐振型限流器的原理图。

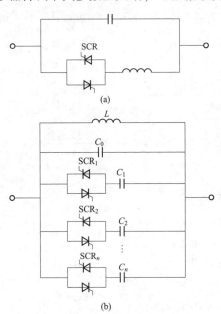

图 2-25 中，通过在并联的电感或电容支路中插入 SCR 均可形成并联谐振型短路电流限制器，不同之处除了电力电子器件所控制的支路特性有所差异外，相应的稳态运行方案和暂态控制策略也会有所不同。

并联谐振型 FCL 安装于系统后，其连接的电气元件开路将会造成限流器的支路元件出现暂态过电压，这一情形类似于调谐型 IPC。为防止暂态过电压对设备的损害，需要进一步研究限流器投切的控制策略及限制暂态过电压的方法。

图 2-25　并联谐振型 FCL 原理图
（a）并联电感支路+SCR；
（b）并联电容支路+SCR

3）纯阻抗切换型故障电流限制器。此型 FCL 通过电力电子器件实现正常运行情况下和故障情况下不同阻抗值之间的切换，增大短路故障后系统的阻抗值，从而达到限制短路电流的目的，其原理如图 2-26 所示：

正常运行时晶闸管导通，阻抗 X_1 和 X_2 并联，由于选取的阻抗 X_2 较小，总阻抗 X_S 也较小。故障时晶闸管关断，串入系统的阻抗即为 X_1，其比 X_S 大得多，因此实现了限流的目标。此型短路电流限制器的缺点是晶闸管在系统正常运行时需要串入系统，增加了损耗。

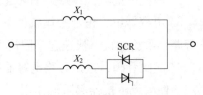

图 2-26　阻抗切换型 FCL 原理图

4）桥式故障电流限制器。桥式 FCL 结构如图 2-27 所示。图中给出的是应用于三相接地系统的桥式 FCL 装置结构，若将其中的晶闸管 T_7 和 T_8 去掉后，就可以应用于三相不接地系统。

桥式 FCL 的工作原理如下：限流器投入运行开始阶段，导通所有晶闸管。串联耦合变压器的原边流过部分电流，这部分电流耦合到变压器副边，通过桥臂给直流电感充电，直流电感上有逐渐增大的直流电流产生。与此同时，并联在变压器原边的旁路电感上通过部分交流电并逐渐减小。经过几个周期，充电过程结束，进入到稳态运行阶段。变压器原、副边电流定义为 I_p 和 I_s，变比定义为 N，则线电流关系为：

$$\frac{I_p}{I_s} = \frac{1}{N} \tag{2-1}$$

直流电感上的直流电流 I_{Ld} 等于变压器副边电流的峰值：

$$I_{Ld} = \sqrt{2}I_s = \sqrt{2}NI_p \tag{2-2}$$

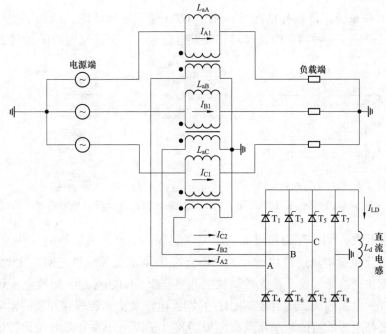

图 2-27 应用于三相接地系统的桥式 FCL 结构图

稳态运行阶段直流电感上电流 I_{Ld} 接近一常量，则 $\dfrac{\mathrm{d}I_{Ld}}{\mathrm{d}t}$ 几乎为 0，因此直流电感上压降接近为 0，这意味着变压器副边绕组压降很小，所以并联在原边上的交流电感上压降几乎为 0。在稳态运行时，限流器的压降主要由串联变压器的漏抗、绕组电阻和晶闸管压降引起，由此产生的压降可以忽略。

短路故障发生时，变压器原边突然加上很大的压降，交流电感立刻出现稳态短路电流 I_{Ld}，直流电感上电流 I_{Ld} 随即增大。由于交、直流电抗器的存在，故障电流受到抑制，不会急剧上升。通过正确的控制策略，使直流电感和桥路退出故障回路的运行，交流限流电感完全承担限流作用。而旁路电感的大小主要由系统所允许的短路电流水平所决定。

桥式短路电流限制器设计之初是为了应用于配电系统限制短路电流，其应用的电压等级最高到 35kV。若要应用于更高电压等级，还需要在限制暂态过电压以及绝缘配合等方面开展深入研究。

5）电流转移型故障电流限制器。此型 FCL 在系统正常运行时，潮流通过电力电子器件；而在短路故障发生时，电力电子器件（GTO）快速关断从而将短路电流迅速地转移至高阻抗回路，达到限制短路电流的目的。图 2-28 所示即为一种基于此原理的 FCL 结构简图。

图中，电流转移型 FCL 利用 GTO 作为线路开关，在故障发生后 GTO 迅速关断，从而将故障电流转移到限流阻抗 L 上，达到限制短路电流的目的。其中的电容元件作为缓冲回路，以限制 GTO 关断时两端的电压上升率 du/dt。MOV 用以限制关断后装置两端的瞬时过电压幅值。

此型 FCL 在系统正常运行情况下，由于 GTO 处于导通状态，增加了损耗。为了解决该问题，又提出了一种两次电流转移型短路电流限制器，其原理结构如图 2-29 所示：

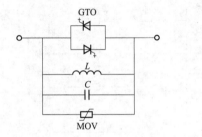

图 2-28　电流转移型 FCL 原理图　　图 2-29　两次电流转移型短路电流限制器原理图

它由快速开关、GTO 开关和限流电阻并联组成。电网正常运行时，快速开关闭合，GTO 关断，额定负荷电流通过快速开关，不会产生显著损耗。当电网发生短路故障时，通过短路电流快速检测装置，首先控制快速开关分断，GTO 导通，短路电流迅速向 GTO 支路转移，开关电弧熄灭。随后控制 GTO 关断，电流又快速转移到并联的电阻支路，达到快速限制短路电流的目的。采用两次电流转移，是因为开关电弧电压比较低，直接由电弧电流向限流电阻转移很困难。

6）综合型故障电流限制器。此型短路电流限制器综合以上 1）～5）中 FCL 限流的原理，目的是结合各类型 FCL 的优点，因此称之为综合型 FCL。图 2-30 所示为综合了串联谐振和并联谐振原理的综合型 FCL 原理图。

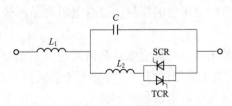

图 2-30　综合型 FCL 原理图

其工作原理如下：在正常情况下 L_1 与 C 串联谐振，TCR 关断，使线路阻抗为 0。当故障时，通过 TCR 的控制，使 L_1 与 C 并联谐振，线路阻抗很大，从而起到限流的作用。作为一种后备保护，可以选择 L_1 的阻抗值，即使是在故障时电容 C 受到破坏的情况下，也可以单靠 L_1 来限制故障电流。

此型短路电流限制器的应用有赖于基本型短路电流限制器的成熟。而在目前这一条件显然还不具备。

（2）具有附加调节功能的故障电流限制器。为了适应电网的发展，在设计 FCL 时大多希望能将补偿和限流功能集于一体，这样既能灵活地控制对系统的补偿，又能控制因短路点的不同所引起的不同大小的短路电流。

2.3 新型直流输电技术

2.3.1 特高压直流输电技术

（1）±800kV 特高压直流输电技术。我国采用 6 英寸晶闸管换流阀的 ±800kV（6400MW）特高压直流输电示范工程向家坝—上海 ±800kV 特高压直流输电示范工程，2007 年 4 月核准，2008 年 5 月开工建设，2010 年 7 月整体工程完成试运行，投入商业运行。工程由我国自主研发、设计、建设和运行，是我国输电领域取得的世界级创新成果。

通过特高压直流示范工程，我国全面攻克了过电压及绝缘配合、电磁环境及其控制、污秽和外绝缘设计、系统成套与阀厅设计等世界性技术难题，全面掌握了特高压直流核心技术，取得了一大批国际领先的科研成果，率先建立了特高压直流技术标准体系。目前，已发布特高压直流技术企业标准 57 项、行业标准 8 项，立项编制国际标准 4 项、国家标准 14 项、行业标准 7 项；已申请专利 214 项，获得授权 92 项；在设备研制方面，特高压直流示范工程走开放式创新之路，成功研制出代表国际领先水平的全套特高压直流设备，创造了一大批世界纪录。其中换流变压器、换流阀、控制保护装置采取国内外联合设计、知识产权共享的研制模式，绝大部分由国内制造；6 英寸晶闸管换流阀、平波电抗器完全由国内自主研制。此外，结合工程建设，我国对特高压直流高海拔环境外绝缘技术方面，电磁环境影响方面，直流线路工程杆塔，设计优化、防雷、安全稳定系统以及特高压直流输电工程施工、运行技术等方面进行了一系列研究，取得了丰硕成果。

（2）±1100kV 特高压直流输电技术。开展了 ±1100kV 特高压直流输电技术研究，重点分析设备研制可行性、关键制约因素、设备研制周期和造价水平，总结关键技术研究成果，并在此基础上比较 ±1000kV、±1100kV 和 ±1200kV 的经济性。目前，开展的研究工作主要包括：

1）结合电网规划成果及工程实际，对 ±1000kV、±1100kV、±1200kV 直流输电方案进行综合比较，并重点研究了 ±1100kV 直流输电工程系统方案的适应性和安全性。

2）依托乌东德—华东特高压直流输电规划方案，研究系统安全稳定特性以及提高系统安全稳定性的技术措施，提出了新一代电网安全稳定监控系统构成方案。

3）对工程过电压与绝缘配合问题进行了深入研究，进行 ±1100kV 级直流输电系统设备污秽外绝缘特性研究，确定线路和换流站绝缘子选型，推荐串型方案，为相关工程的外绝缘设计提供依据。

4）开展了工程建设设计方案和经济性比较研究，并给出换流站和线路的概念设计方案。

5）对 ±1100kV 换流变压器现场组装开展了深入研究和方案设计。

6）对±1100kV直流输电系统主回路方案及主设备参数研究，提出不同接线方案的主设备参数。

总的来说，我国特高压交直流输电技术目前已经具备了工程应用条件，到2030～2050年期间，能够实现大范围推广应用。

2.3.2　多端直流输电技术

传统的直流输电大多为双端系统，仅能实现点对点的直流功率传送，当多个交流系统间采用直流互联时，需要多条直流输电线路，这将极大提高投资成本和运行费用。于是，多端直流输电（Multi-terminal HVDC，MTDC）系统便应运而生。

MTDC输电系统是联系三个以上交流电网的直流系统。与双端直流输电系统只有一条直流传输线不同，MTDC输电系统需要多条直流传输线，因此根据运行条件和设计要求的不同，可以组成多种拓扑结构的接线方式。按换流站接入直流线路的方式，可以分为并联、串联、级联和混合四种接线方式。并联型又可分为辐射状并联型和环状并联型。与串联接线方式相比，并联接线方式直流输电的线路损耗较小，易于控制，进一步扩展的灵活性较高，具有相对较少的运行问题，因而在多数工程中被广泛接受。

（1）并联型MTDC输电系统。所有换流站都并联连接，运行在同一直流电压下，直流输电网络既可以是辐射形的，也可是环状的，或者是两者相组合。在并联MTDC输电系统中，换流站之间的功率分配主要靠改变换流站的电流来实现。其中，由一个换流站来控制直流电压，并维持电流及整个MTDC输电系统的功率平衡，其他换流站则按给定的电流（或功率）运行。图2-31为环网状和辐射状并联MTDC输电系统接线示意图。

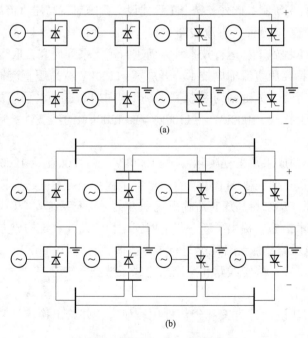

图2-31　并联型MTDC系统结构

(a) 辐射状；(b) 环网状

辐射状并联型的特点是各换流站均在基本相同的直流电压下运行，换流站间有功功率的分配和调整主要通过改变换流站的直流电流值来实现。当其中某一换流站需要改变潮流方向时，即将原运行于整流（或逆变）的状态改变为逆变（或整流）状态，必须将该换流器直流侧的两个端子的接线颠倒过来，再重新接入直流网络，方能实现。因此，这种构成型式对潮流变化频繁的系统是不方便的。当系统中某部分发生持续性故障时，可通过切断故障电流的直流断路器切除故障，较为简便。环状并联型 MTDC 在某段直流线路发生持续性故障时，切除故障段后仍能维持各换流站的运行。因此，环网状并联型的供电可靠性比辐射状并联型高。

（2）串联型 MTDC 输电系统。所谓串联型 MTDC 输电系统，指换流站串联连接，流过同一直流电流，直流线路只在一处接地，换流站之间的功率分配主要靠改变直流电压来实现。图 2-32 为串联型 MTDC 输电系统接线图。

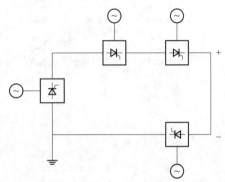

串联型的特点是全部换流站通过直流电力网各段线路串联构成环形，各换流器以同一直流电流运行。各换流站间的有功功率调节和分配主要靠改变各换流站的直流电压来实现，并由其中一个换流站承担整个串联电路中直流电

图 2-32　串联式 MTDC 输电系统结构

压的平衡，同时也起调节闭环中的直流电流的作用。当换流站需要改变潮流方向时，仅需改变换流器的触发相位，将原来的整流（或逆变）改为逆变（或整流）运行，无需颠倒换流器直流侧的两个端子接线，潮流反转的操作比较方便。当某换流站发生故障时，可投入故障换流站的旁路开关，使其退出运行，其余健全的换流站仍可继续运行。

当直流线路发生持续性故障时，整个系统就不能再继续运行了。为避免全网停电，必要时可采用双回路的串联系统。从距离较远的发电厂，用直流输电系统把电力分送给大城市中几个配电网或一个大的配电网的几个馈电点，就适宜采用这种输电系统。

（3）级联型 MTDC 输电系统。级联型多端直流输电系统是串联型多端直流输电系统的一种特殊形式，具备灵活、可控、可靠、多落点、大容量等特点，适用于远海风场。级联型 MTDC 输电系统示意图如图 2-33 所示。

（4）混合型 MTDC 输电系统。既有并联又有串联的混合型输电系统增加了多端直流接线方式的灵活性。在设计阶段，应根据投资、损耗、可靠性、灵活性、具体工程的特殊要求等多方面的分析和比较选择合适的接线方式。图 2-34 为混合型 MTDC 输电系统接线图。

MTDC 输电系统具有接线方式多样性、直流功率潮流控制灵活性的特点。目前，MTDC 输电系统还没有统一的控制策略，针对不同的 MTDC 输电系统接线方式和潮流方式，其控制策略各不相同。总的来说，MTDC 输电系统的控制思想源于两端直流输电系统，但又有所区别，主要有：

（1）充分利用现有的特高压直流输电技术，主回路、主设备、主要参数基本不变，

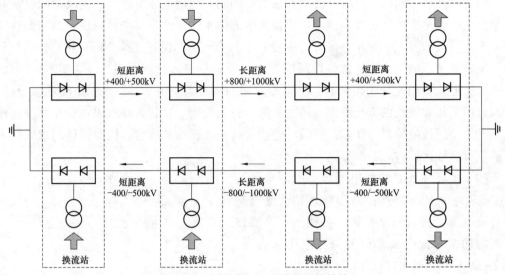

图 2-33 级联式 MTDC 输电系统结构

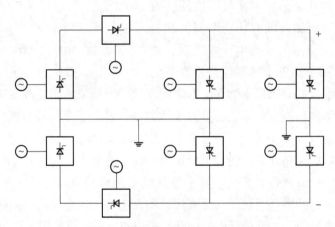

图 2-34 混合型 MTDC 输电系统

控制策略、运行方式基本不变，投资基本不变，仅进行重新组合并变动各个换流器的地理位置，即可带来应用上的极大便利和灵活性。

（2）送端更方便分散系统接入，如距离在 200~300km 内两个或者更多中型电站或电厂功率打捆，实现超远距离外送，可以节约大量交流送电线路，减少损耗。

（3）对于西部高海拔地区梯级电站的开发，可以把高海拔的电站用较低的直流电压进行第一次收集，在海拔较低电站附近建设特高压换流站，如图 2-35 所示。可以大大减轻高海拔对直流外绝缘的影响，降低设备研发难度，减少投资。

（4）以 3000~5000MW 标准化的规模接入交流系统，规划布局、大系统运行经验丰富；多点分散注入交流系统，支撑要求低，有利于降低交流系统的短路电流水平，系统压力小。

（5）直流严重故障时，对系统冲击小。由于接入规模较小，不同特高压工程换流站之间距离可以更靠近，便于相互紧急支援。

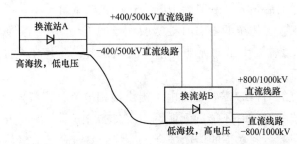

图 2-35 级联多端技术解决高海拔地区电能外送问题

（6）功率直接输送到多个负荷中心，减少功率折返，减少损耗和投资。

（7）站用电系统、控制保护系统等分站布置，降低了发生双极闭锁的概率，提高了工程可靠性。

（8）由于高低压换流器串联连接，只能通过调节换流器的电压来实现两站之间的功率分配，要求送端（受端）两个换流站的电源容量（负荷水平）基本相当。

目前，世界上已有多项多端直流输电工程投入运行：意大利—科西嘉—撒丁岛 3 端、加拿大魁北克—新英格兰 5 端（实际按 3 端运行）及日本的新信浓背靠背 3 端直流系统。加拿大的纳尔逊河以及美国的太平洋联络线直流输电工程也具有 4 端直流输电系统的特性。下表为目前运行的多端直流输电工程概况。

表 2-1　　　　　目前世界上运行的多端直流输电工程概况

序号	多端直流输电工程	投运时间[①]/年度	端数	运行电压/kV	额定功率/MW
1	意大利—科西嘉—撒丁岛	1987	3	200	200
2	加拿大魁北克—新英格兰	1992	5	±500	2250
3	日本新信浓	2000	3	10.6	153
4	加拿大纳尔逊河	1985	4	±500	3800
5	美国太平洋联络线	1989	4	±500	3100

注　① 投运时间是指直流输电工程首次以多端方式运行的时间。

2.3.3　柔性直流输电技术

自从 1954 年世界上第 1 条高压直流输电（High Voltage Direct Current，HVDC）联络线投入商业运行以来，HVDC 作为一项日趋成熟的技术，在远距离大功率输电、海底电缆送电、两个交流系统之间的非同步联络等方面得到了广泛应用。同时，HVDC 技术也在不断地改进。但从其本质来看，目前的 HVDC 技术与 1954 年的第 1 个 HVDC 系统几乎相同，他们都采用线换相电流源换流器（Line Commutated Current Source Converter，LCCSC），其本身存在一些固有的缺陷，主要表现在以下几个方面：

首先，传统的 HVDC 需要交流电网提供换相电流，该电流实际上是相间短路电流，因此要保证可靠地换相，受端交流系统必须具有足够的容量，即必须有足够的短路比（Short Circuit Ratio，SCR），当受端电网比较弱时便容易发生换相失败。

其次，由于开通滞后角 α（一般为 10°~15°）和熄弧角 γ（一般为 15°或更大一些）的存在及波形的非正弦，传统的 HVDC 要吸收大量的无功功率，其数值约为输送直流功率的 40%~60%，这就需要大量的无功补偿及滤波设备，而且在甩负荷时会出现无功过剩，可能导致过电压。

第三，因为传统的 HVDC 需要交流电网提供换相电流，这就要求受端系统必须是有源网络。因此，传统的 HVDC 不能向无源网络（如孤立负荷）输送电能。

此外，仅在远距离、大功率的传输场合，传统的 HVDC 才有经济上的优势。

造成传统 HVDC 上述缺点的主要原因是线换相换流器采用的是半控型器件，只有用全控型器件代替半控型器件，使换流器能工作在无源逆变方式，并能够同时独立地控制有功功率和无功功率，才能彻底克服上述缺点。

随着电力半导体技术，尤其是 IGBT 的快速发展，在 HVDC 中采用以全控型器件为基础的电压源换流器（Voltage Source Converter，VSC）的条件已经具备。1990 年，McGill 大学的 Boon-Teck Ooi 等首先提出了利用 PWM 控制的 VSC 进行直流输电的概念。在此基础上，ABB 公司把 VSC 与 IGBT 相结合，提出了轻型高压直流输电（HVDC Light）的概念，并于 1997 年 3 月在瑞典中部的赫尔斯扬和格兰斯堡之间进行了首次 HVDC Light 的工业试验。这次试验的输送功率为 3MW，输电电压为±10kV，所使用的线路是一条暂时不用的 10km 交流线路。试验过程十分顺利，无论是在稳态条件下还是在暂态条件下，电力输送都十分稳定，完全达到了预期的性能要求。

HVDC Light 是在 IGBT 和 VSC 基础上发展起来的，其基本原理如图 2-36 所示。设置送端、受端换流器均采用 VSC，则两个换流器具有相同的结构。换流器采用两电平六脉动型，由换流桥、换流电抗器、直流电容器和交流滤波器组成。换流桥每个桥臂均由多个 IGBT 串联而成。换流电抗器是 VSC 与交流侧能量交换的纽带，同时也起到滤波的作用。直流电容器的作用是为逆变器提供电压支撑、缓冲桥臂关断时的冲击电流、减小直流侧谐波。交流滤波器的作用是滤除交流侧谐波。另外，轻型 HVDC 的传输线路一般采用地下电缆，对周围环境没有什么影响。

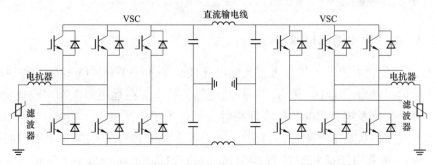

图 2-36 两端接有源网络的 HVDC Light 系统原理图

假设换流电抗器是无损耗的，当忽略谐波分量时，换流器和交流电网之间传输的有功功率 P 及无功功率 Q 分别为：

$$P = \frac{U_S U_C}{X_1}\sin\delta \tag{2-3}$$

$$Q = \frac{U_S(U_S - U_C\cos\delta)}{X_1} \tag{2-4}$$

式中，U_C 为换流器输出电压的基波分量；U_S 为交流母线电压基波分量；δ 为相角差；X_1 为换流电抗器的电抗。

可以看出，有功功率的传输主要取决于 δ，无功功率的传输主要取决于 U_C。而 U_C 是由换流器输出的 PWM 电压脉冲宽度控制的。因此，通过对 δ 的控制就可以控制直流电流的方向及输送有功功率的大小，通过控制 U_C 就可以控制 VSC 发出或吸收无功功率及其大小。可见，VSC 不仅能提高功率因数，而且还能起到 STATCOM 的作用，动态补偿交流母线的无功功率，稳定交流母线的电压。

柔性直流输电的优势在于：

（1）VSC 电流能够自关断，可以工作在无源逆变方式，不需要外加的换向电压，从而克服了传统 HVDC 受端必须是有源网络的根本缺陷，使利用 HVDC 为远距离的孤立负荷送电成为可能。

（2）正常运行时 VSC 可以同时、独立地控制有功和无功，使控制更加灵活方便。

（3）VSC 不仅不需要交流侧提供无功功率，而且能够起到 STATCOM 的作用，即动态补偿交流母线无功功率，稳定交流母线电压。这意味着如果 VSC 容量允许，故障时 HVDC Light 系统既可向故障区域提供有功功率的紧急支援，又可以提供无功功率的紧急支援，从而提高系统的电压和功角稳定性。

（4）潮流反转时直流电流方向反转，而直流电压极性不变，与传统的 HVDC 恰好相反。这个特点有利于构成既能方便地控制潮流又具有较高可靠性的并联多端直流系统。

（5）由于 VSC 交流侧电流可以控制，所以不会增加系统的短路容量。这意味着增加新的 HVDC Light 线路后，交流系统的保护整定无需改变。

（6）VSC 通常采用 SPWM 技术，开关频率相对较高，经过低通滤波后就可得到所需交流电压，可以不用变压器，所需滤波装置的容量也大大减小。

（7）多个 VSC 可以接到一个固定极性的直流母线上，易于构成与交流系统具有相同拓扑结构的多端直流系统，运行控制方式灵活多变。

但是柔性直流输电也存在一些显著缺点：

（1）系统损耗大。由于内环采用高频 PWM 控制，开关频率以 kHz 计，开关损耗大。通过优化拓扑结构和正弦波控制策略，可将换流站损耗降低到 1.8% 左右，但也远高于常规直流的 0.8%。当然，伴随电力电子器件和拓扑结构等技术进步，柔性直流换流站损耗还有继续降低的趋势。

（2）现有柔性直流工程不适合采用架空线路，一般都采用电缆输电，造价高，经济性较差。

（3）系统稳定性和可靠性有待工程运行数据的验证。

从 1997 年瑞典的 Hellsjon 工程试验成功，到现在已经有多条 HVDC Light 线路相继投入或即将投入商业运行。各工程的具体技术参数见表2-2。

表2-2　　　　　　已投运或即将投运的 HVDC Light 工程主要技术指标

工程	国家	投运时间	最大传输功率/MW	两侧交流电压/kV	直流电压/kV	直流电流/A	线路长度/km	选择 HVDC Light 的主要原因
Hellsjon	瑞典	1997.03	3	10/10	±10	150	10	工业试验
Gotland	瑞典	1999.06	50	80/80	±80	350	2×70	风力发电（电压支撑）、地下电缆
Directlink	澳大利亚	1999.12	3×60	132/110	±80	342	6×59	电力交易、系统互联、地下电缆
Tjaereborg	丹麦	2000.08	7.2	10.5/10.5	±9	358	2×4.3	风力发电、示范工程
Eagle Pass	美国和墨西哥	2000.09	36	132/132	±15.9	1100	背靠背	电力交易、系统互联、电压控制
Cross Sound Cable	美国	2002.07	330	345/138	±150	1175	2×40	电力交易、系统互联、海底电缆
Murraylink	澳大利亚	2002.08	200	132/220	±150	1400	2×180	电力交易、系统互联、地下电缆
Evron	法国	2003	主要用于无功补偿17Mvar	—	—	—	—	
Holly	美国	2004	主要用于无功补偿95Mvar	—	—	—	—	
TORNIO	芬兰	2002.10	84	——	——	——	70	海边平台应用
Troll A	挪威	2004	40	132/56	±60	400	4×70	孤岛供电、电机驱动、海底电缆
ESTLINK	芬兰和爱沙尼亚	2006	350	330/400	±150	1230	105	电压控制、系统互联、海底和陆上电缆

2011年7月，上海南汇柔性直流输电工程正式投运。这是亚洲首条柔性直流输电工程，应用于风电接入，可大幅度提高风电场故障穿越能力，实现了我国柔性直流输电技术从无到有的突破。2014年以后，舟山±200kV五端柔性直流输电科技示范工程、厦门±320kV柔性直流输电科技示范工程、张北可再生能源±500kV柔性直流电网示范工程等相继投运，标志着我国该领域技术的进一步成熟。

2.4　新型管道输电技术

2.4.1　气体绝缘管道输电技术

气体绝缘管线（Gas Insulated Line，GIL）输电方式是一种采用 SF_6 气体或 SF_6 和 N_2 混合气体绝缘、外壳与铝合金导体同轴布置的高电压、大电流电力传输设备。GIL 作为当今世界的先进输电技术，提供了一个紧凑、可靠、经济的电力输送方式。GIL 的设计提供了有效的电磁屏蔽以保证最小的线路走廊要求，并保证周围环境与安全。随着输电环境的日趋复杂以及可靠性要求的不断提高，GIL 得到了一定的发展和应用，全世界已拥有 GIL 输电线路达 100km 以上。

GIL 具有如下特点：

（1）GIL 为刚性结构，标准化生产，加工精度高，有很高的可靠性，故障率低，无老化问题，几乎无使用寿命的限制。

（2）GIL 传输容量大，输送功率可达 4GW 及以上，目前生产最大电流为 8000A。

（3）电能损耗小。相比架空线路和电缆，GIL 的输电损失最小。原因在于它的电阻小，其值约为 $6m\Omega/km$，而架空线约为 $30m\Omega/km$，电缆约为 $20m\Omega/km$。

（4）电容电流小。

（5）无电磁干扰，GIL 的导线电流在外壳内会诱发一种同值反向电流，因此 GIL 外部的电磁场可忽略不计。

（6）不受敷设高差和弯曲半径限制，也不受大气和环境影响，安装简便、快捷，不会产生导体滑动，也无需特殊工具，终端连接简单方便。

（7）运行维护工作量小，年漏气率只有 0.5%（系统设有具有温度补偿的气体密度监测仪），基本不检修。

（8）安全性高。以 SF_6 气体或 SF_6 和 N_2 混合气体作绝缘介质，不会燃烧，有利于防火设计。

（9）一次设备投资较大，约 2 万元/m，一般投资为架空线路的 10 倍以上，最低为 5~7 倍。但在大容量高电压输送中，其投资低于电缆线路。

GIL 从 1970 年开始在世界范围内投入使用。用于电能传输的 GIL 与 SF_6 全封闭组合电器（GIS）的母线在结构上类似，因此 GIL 的发展进程基本与 GIS 同步。GIL 输电系统最初是由美国高压开关公司和麻省理工学院首次合作开发完成，其第一个用于商业的 GIL 系统已于 1972 年安装。1974 年西屋电气公司购买了生产专利。ABB Power T&D 于 1989 年也购买了生产专利。1999 年美国 AZZ 电气集团合并收购了这条生产线。德国西门子公司生产的第一条气体绝缘输电管线（GIL）于 1974 年用于德国 Schluch-see 市的抽水蓄能电站。日本电力工业中心研究机构早在 1963 年就对 SF_6 气体绝缘输电线路（GIL）开始了基础理论研究，实现了与架空线路传送容量相一致的大容量地下传输线路。紧接着东京电力公司和关西电力公司对 GIL 的小型化和实用化进行了研发，这些 GIL 已经被应用在 154~500kV 的传输线路中。自从 1979 年将 GIL 首次应用于 154kV 线路以来，如今在日本已经可以建造应用于 500kV 线路的 GIL。从 1992 年起日本开始对长距离 GIL 进行研究，并将其应用在 Shinmeika-Tokai 传输线路上。

现在 GIL 技术已经发展到第二代。第二代 GIL 是为瑞士日内瓦机场旁的 Palexpo 展厅六工程设计的。该工程全长约 450m，单相铝管结构。在研发第二代 GIL 时，将降低至少 50% 的费用目标放在首位。为了实现这一目标，采用了以下新技术和措施：

（1）将 GIL 做成模块式结构，整个 GIL 输电系统采用 4 种标准模块，包括直线组件、弯角组件、隔离组件以及补偿组件。

（2）将昂贵的100%SF$_6$气体绝缘改为80%N$_2$和20%SF$_6$混合气体绝缘。研究表明：当SF$_6$气体为20%组分时，绝缘强度在0.3MPa下约为15kV/mm。这相比100%SF$_6$气体组分时的18kV/mm约减少20%，但SF$_6$气体的体积却减少80%，大大降低了成本。

GIL在国内外的主要应用有：

（1）黄河拉西瓦水电站GIL出线如图2-37（a）所示。

（2）岭澳核电站项目。GIL用于连接500kV主变压器与500kV开关站，长度约500m。

（3）PP8电站。PP8电站位于沙特阿拉伯，其GIS变电站设置于电站末端对面，变压器的输出需要通过一个相当长的距离到达GIS，GIL布置是由3回380kV线路在架空钢支架上相互重叠，连接在升压变压器和GIS之间，平均一回线路长度为750m，重叠线路的布置大部分共用同一钢支架。

（4）Revelstoke水电站项目。如图2-37（b）所示。Revelstoke水电站位于加拿大B.C.省，从变压器断路器到GIS之间的连接采用两回500kVGIL管道母线，允许沿隧道墙壁紧凑安装，并且因为它的外壳接地，所以使隧道具有最小空间，这种线路布置对工作人员不会造成触电危险。

（5）Claireville项目。Claireville水电站位于加拿大安大略省，最早于1975年投入运行并历经几次扩建，其中包括3回550kV出线。

图2-37 应用示意图

（a）黄河拉西瓦水电站GIL出线；（b）Revelstoke水电站GIL隧道

GIL与电缆和架空线相比，有其明显的优势：电阻损耗明显降低，不受外界环境的影响，可靠性、安全性高；外部的电磁场可忽略不计，无电磁环境影响；运行维护成本低，使用寿命长。其缺点是造价很高。

2.4.2 高温超导输电技术

高温超导输电（High Temperature Super-Conducting Transmission，HTSCT）技术即借助高温（-180~-150℃）条件下的超导金属材料进行电能传输的技术。高温超导电缆是将超导体绕在一个空心管上，管内注入液态氮冷却剂。液态氮的成本只有液态氦的2%左右，且维持低温所需的电功率也仅为使用液态氦时的1/20~1/50。第2代钇系超导金属材料柔韧性更好，效率更高，批量生产的成本较低，这使超导输电技术的推广应用有了一定的现实基础。新西兰科学与工业研究院已研制出电流密度达 120kA/cm² 的超导导线，其电流密度是普通铜线的 240 倍。高温超导电缆已成为目前超导电缆的发展主流，并走向试验运行阶段。

高温超导电缆有两种基本设计：热介质设计和冷介质同轴设计。热介质设计是将高温超导线材封闭在低温环境中，低温层将超导体和冷却剂密封在里面，而电气绝缘位于低温层外面。与热介质设计不同的是，冷介质同轴设计中超导线材和电气绝缘都位于低温层里。

如图 2-38 所示，中间是充有液态氮的空心管，超导带材绕在管外，低温层提供热绝缘，这是一个真空绝缘区，递阶式绝缘可使热泄漏降到最小。低温层外是常规介质、屏蔽和机械保护。

在冷介质同轴 CDC 设计中每相有两个同轴超导金属材料导体层（馈层和回流层），它们由电气绝缘分开。导体层全部置于低温环境中。其中馈层带材绕在管材上，低温介质覆盖在导体周围，然后是回流超导带材，最

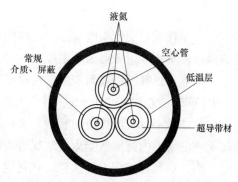

图 2-38　热介质超导输电电缆截面图

外层的低温层覆盖在回流导体外，而低温层可以是刚性的，也可以是柔性的。图 2-39 给出了冷介质高温超导电缆的基本结构。另外，冷介质同轴可以根据需要设计成两种不同的结构：三相共用一个低温层或者每相有独立的低温层。

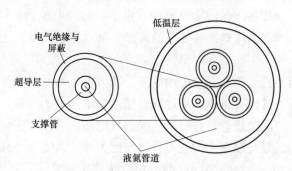

图 2-39　冷介质同轴超导金属材料电缆截面图

热介质和冷介质同轴设计各有优缺点：

（1）采用热介质设计的电缆适合安装在现有的电缆管道内，并且比冷介质同轴设计用材少，还可以采用常规电介质和附件，按与常规电缆相似的方法进行处理和安装。但是热介质设计缺少回流通路，导致馈层带材及其周围金属件中的电损耗增加，因此其运行成本比冷介质同轴设计的电缆要高。

（2）冷介质同轴设计中同轴回流层屏蔽了由馈层电流产生的磁场，可防止电阻材料因感应耦合消耗能量，因此可以使电缆的输电容量和效率达到更高水平。

与传统输电相比,超导输电使用高温超导材料替代传统的铜和铝导线来输送电能。其优越性由超导材料的优点所决定,主要是:①实用高温超导体的临界电流密度可达到铜导线或者铝导线的允许电流密度的 100 倍以上,易于实现单回路大容量传输,相同容量时,体积小,重量轻。②直流情况下完全没有电阻,从而没有电能损耗,维持液氮温度以上的制冷耗能要小得多,使得输电损耗低,效率高。

与传统输电相比,高温超导输电的主要优越性可归纳为:

(1) 容量大。一回路超导输电线路的传输容量可比交流输电大 3~5 倍,达到最高每线 2 千万~3 千万 kW,直流输电可达 10 倍,±500kV 可实现 2 千万~5 千万 kW 的输送容量。

(2) 损耗低。交流输电时超导电缆的导体损耗不足常规电缆的 1/10,直流输电时导体热损耗几乎为零。考虑超导电缆循环冷却系统带来的能量损耗,大容量、远距离输电时,其输电总损耗可以降到使用常规电缆的 1/4~1/2。有分析表明,1000km 长线路输电 500 万 kW 时,总损耗小于 3%,甚至可能达 2%。

(3) 体积小。与同样传输容量的传统高压电缆相比,超导电缆的外径较小。同样截面的超导电缆的电流输送能力是常规电缆的 3~5 倍,冷绝缘三相同轴超导电缆尺寸可以做得更小,更具有体积上的优势。在利用电缆沟或电缆隧道敷设时,减少了通道和相应支持机构的尺寸,使其安装占地空间小,土地开挖和占用减少,征地需求小。

(4) 重量轻。超导电缆的重量要比传输同样电压和传输容量的常规电缆小得多,即仅需要较低强度的电缆牵引机械,较小的线轴,相应地减少了机械机构。因此运输成本也相应降低,这也使利用现有的基础设施敷设超导电缆成为可能。

(5) 降低传输电压。超导电缆可以在比常规电缆损耗小的前提下传输数倍于常规电缆可以承受的电流,这样在同样传输容量的需求下,传输电压就可以降低 1~2 个等级,从而降低对高压变压器和高压绝缘器件等的需求,从系统的角度大大减少了高压设备方面的开支。

(6) 增加系统可靠性。超导电缆传输电流的能力可以随着工作温度的降低而快速增加。由于可以在原有设备配置条件下通过降低温度来增加新的容量,因而有更大的过流能力,增加了系统运行的灵活性。对于冷绝缘超导电缆而言,在正常运行时绝缘层的温度基本不变,不会像常规交联聚乙烯电缆,可能因为经常温度增高而缩短寿命。

(7) 节约资源,环境友好。超导电缆冷却系统使用液氮,不使用绝缘油或 SF_6,没有造成环境污染的隐患,且具有防燃防爆的特性。冷绝缘超导电缆设计了超导屏蔽层,基本消除了电磁场辐射,减少了对环境的电磁污染。与常规电缆相比,制造超导电缆使用较少的金属和绝缘材料。超导电缆系统总损耗的降低,减少了温室气体的排放,有利于环境保护。

由于上述的种种优越性,高温超导输电可能成为未来电网一种全新的低损耗、大容量、远距离电力传输的重要途径,随着技术、产业与应用的发展,其地位也将日益提高。

高温超导输电在直流输电方面还有着一些特殊优越性,如用途更广泛、容量可更大、损耗可更低、距离可更长等，考虑到我国未来大规模的电力输送问题，超导直流输电是重要发展的方向。近些年来，超导直流输电技术日益受到世界各国重视。美国、日本、德国等国家均在探索长距离超导直流输电的可行性。

自从高温超导发现以来，尤其是 Bi 系超导金属材料的发现，超导金属材料应用于电力电缆的研究发展较快，在近几年的研究中，美国、日本、德国等国的研究较具有代表性。

在我国，高温超导输电电缆的研究也取得了不小的进展。中科院电工所在 1998 年研制成功 1m/1kA 高温超导直流电缆，被两院院士评为国内十大科技进展之一；2000 年又研制成功 6m/2kA 直流高温超导电缆；2001 年，完成 75m 交流高温超导电缆的设计和一种新型混合型高温超导限流器小型样机的研制和试验。

2003 年 6 月 17 日 17 时，一套完整的 4m 长、2000A 载流能力的超导电缆系统在北京云电英纳超导电缆有限公司完成安装调试，通过了 2000A 交流载流能力试验。

2.5 无线输电技术

目前，实现功率无线传输的主要方式有：激光、超声波、射频和微波，它们有各自的适用范围。近距离情况下，可以选择超声波和射频；远距离的情况下，可以选择激光或者微波。超声波和射频传输距离短，功率容量低，使用范围有限。在空间领域，只能选用激光技术或微波技术实现能量无线传输。激光技术可以实现中、远距离的能量传输，其优点是波束窄，缺点是转换效率低、功率容量有限。现在激光无线能量传输的一个目标是提高转换效率，达到或者接近微波无线能量传输系统的转换效率。随着微波器件技术的成熟和微波理论的发展，微波无线能量传输技术具有了转换效率高，功率容量高的优点，是现阶段最有发展优势的微波能量无线传输技术。

2.5.1 微波输电

微波是波长介于无线电波和红外线辐射间的电磁波，它不同于无线电中波和短波，能顺利通过电离层而不反射。微波输电原理是：由电源送出的电力先通过微波转换器将工频交流电变换成微波，再通过发射站的微波发射天线送到空间，然后传输到地面微波接收站，接收到的微波通过转换器将微波变换成工频交流电，供用户使用。

图 2-40 给出了微波输电系统的基本结构，它主要由三部分组成：

（1）将包括来自太阳能、风能、海洋能、核能等的电能转换成能在自由空间传播的微波；

（2）微波的定向发射和传输；

（3）将接收到的微波功率直接由整流天线变换为直流电能。

图 2-40　微波输电系统框图

微波输电的总效率等于直流到微波、微波传输和接收整流三部分效率之积。目前已被实验证实的最大总效率为 54%，如果能将各个部分的传输效率更好地匹配，总传输效率将有可能达到 76%。

作为一种点对点的能量传输方式，微波输电具有以下特点：

(1) 能量源和耗能点之间的能量传输系统是无质量的；

(2) 以光速传输能量；

(3) 能量传输方向可迅速变换；

(4) 在真空中传递能量无损耗；

(5) 波长较长时在大气中能量传递损耗很小；

(6) 能量传输不受地球引力差的影响；

(7) 工作在微波波段，换能器可以很轻。

这些特性绝大部分都是显而易见的，但是最后一个特性在空间应用中特别重要。在太空中，唯一的主要能源是太阳能。所有其他的能源，如燃料电池、电池组、核能甚至可以吸收太阳能的天线阵列都必须克服重力才能传输到太空中。但是微波供能方式将主要的功率源置于地面，在太空中只留有占系统质量很小部分的微波接收和整流设备，从而解决了这个问题。

19 世纪末，Heinrich Herz 于 1888 年首次演示了 500MHz 脉冲能量的产生和传输。他的实验对于认识和证明 Maxwell 方程中体现的电磁波理论有重要的意义，但由于当时缺乏能够将微波能转变成直流电的装置而未能实现，Herz 并未想到此项技术在后来可以用于电力传输。

随后，世界上首次完整的微波能量传输系统的实验完成于 1963 年，在这个实验中，直流电被转化成 400W、频率为 2.45GHz 的微波，再通过一个直径为 2.8m 的椭圆形反射镜聚焦至 7.4m 外的椭圆接收器的焦点并被接收，收集到的微波能量再被转换成 104W 的直流电，总的传输效率（直流——直流）达到了 13% ~ 15%，尽管此实验中将微波转换成直流电的装置达到了 50% 的效率，但由于它的使用寿命相当短，所以并不适合于实际应用。

1975 年，微波能量传输系统的传输总效率提高到了 54%，其直流输出功率为 495W、频率为 2446MHz。同年，在 Mojave 沙漠进行的微波成形束能量传输实验，频率为 2388MHz 的微波能量有 84% 被硅整流天线阵列接收并转换为 30kW 的直流能量，用来点亮天线前端的灯泡阵列。

到 1975 年，完整的电能无线传输（Wireless Power Transmission，WPT）理论和技术体系的建立，为其在太空及各方面的应用奠定了坚实的基础。70 年代，美国首次论证了空间太阳能发电卫星技术的可行性，并建立了 5GW 的空间太阳能电站参考系统。经过多年的研究和发展，各国在 5GW 空间太阳能电站"参考系统"基础上提出的空间太阳能电站的系统方案已有很多。有望在世界最先建立的空间太阳能电站是日本 1994 年研究的太阳能发电卫星 PS-2000。该发电卫星是一演示系统，系统设计简单，尽量采用最廉价的材料和组件，发电效率并不高，它不是最佳的实用发电系统方案。

为了重新考虑空间太阳能电站的可行性，美国宇航局于 1995~1997 年间，进行了两年的 FreshLook 项目研究。在约 30 种系统方案中，确定了两种最有效的太阳能电站系统设想，即所谓的"太阳塔"和"太阳盘"。

1993 年以后每年召开国际 WPT 研讨会。2001 年 5 月，留尼汪岛上召开了 WPT 国际会议，根据会议制定的纲要，工作频率在 2.45GHz 的磁控管将用于波动传输。

国内微波电能传输方面的研究目前尚处于起步阶段，主要科研单位有上海大学、中国科学院电工技术研究所、电子科技大学等。

2.5.2　激光输电

激光是一种频率极高的高强度光束，基频在 104~106GHz 之间。激光无线能量传输的基本原理是在发射端采用激光发生器将其他形式的能量转化为激光，从发射端发射激光进行空间能量的无线传输，在接收端再由光电转换器件（光电池）将光能量转换为电能量。

激光无线能量传输的优势：波束窄，方向性好；发射和接收口径面小。

激光无线能量传输的缺点：易受到外界其他因素的干扰，例如大气和粉尘的影响；由于受激光输出功率的限制，光电池转换效率较低，该方法提供的能量和效率都非常有限；激光对动物的眼睛和皮肤都存在一定的伤害。

目前，在温室中，当输入功率为 0.29W 时，使用 0.81 微光的激光可使砷化镓器件的光电转换效率达到 45%。如果不使用输入端的透镜，效率还可以有所提升。但是目前大功率的光电转换效率较低，导致激光无线传输整体效率很低。

激光输电相对于传统电力传输方式的显著优点是对电气绝缘没有要求，传送准确，可远距离输送电能。但其主要缺点是电功率与光之间的相互转换效率较低，且伴随有较强的电磁辐射。未来考虑将高功率激光束在疏散导管内传输，并用光纤分配，问题是要避免导管被激光烧出洞。

美国航天局正致力于利用激光给太空航天器输送电能的研究，并经试验取得了一定的进展。

2.6　其他新型输电技术

2.6.1　多相输电

多年来，如何提高输电线路传输能力，减少电压损耗与功率损耗，已成为国内外电工理论研究的热门课题。多相输电（High Phase Order Power Transmission，HPOPT）技术由美国学者 H. C. BARENS 和 L. D. BARTHOLD 在 1972 年国际大电网会议上首次提出来，基于这样一种思想：在相同的交流电压和输电条件下，不改变发电端和用电端的原三相制设备，仅靠改变输变电的传输方式而提高线路的传输能力和降低损耗。

多相输电的概念提出来后，经过 4 年电力工程界才对它有所关注。随着出线走廊用地的日益缺乏，为了提高单位走廊面积的输电容量，多相输电技术的深入研究和应用被提上了日程。在美国科学基金的资助下，美国阿利根尼电力服务公司与西弗吉尼亚大学合作，于1976年开始对多相输电技术进行详细研究。他们的研究表明，作为现行三相输电系统的另一选择，多相输电是具有实用前景的。他们完成了对多相输电系统的详细分析，建立了多相输电系统继电保护的理论体系，但由于没能把多相输电技术运用在实际运行的输电线路上，该研究最终停止了。虽然如此，这项开创性的研究为多相输电技术的后续发展铺平了道路。与此同时，印度、巴西等国也做了许多设计与试验研究工作。

随着多相输电技术研究的展开，在美国能源部和纽约能源研究与发展委员会的资助下，美国电力技术公司开始对多相输电线路的电晕和电磁场辐射进行研究。由于有了以上这些基础性研究工作，1982年美国能源部决定资助建设一条六相输电的试验性线路。1983年9月，他们在该试验性线路最终的报告中指出："在输送相同容量电能的前提下，与三相输电系统相比，六相输电系统能显著节约出线走廊面积，采用较小的线路杆塔，并且在不增加电磁辐射和可听噪声的条件下降低总体工程造价。"

在此基础之上，美国电力技术公司于1985年开始对十二相输电系统进行研究，他们还建设了一条测试性的输电线路，该项目得到了美国能源部、纽约能源研究与发展委员会和帝国能源研究公司的联合资助。研究表明，相比于三相输电系统，十二相输电系统也能显著提高输电密度。随后纽约电力电气公司决定资助建设一项实用性的多相输电的示范工程，用以进一步研究与验证多相输电的可行性。该示范性工程是从 Goudey 到 Oakdale 的93kV 六相输电系统，这也是世界上首次投入商业化运行的多相输电线路。该线路是由115kV 双回三相输电线路改造而成。改造借助于两套（两台一套，总共4台）分别安装于高迪和奥克戴尔变电站的常规变压器而实现。变压器分别采用 Y-Y 型和 Y-Δ 型的结线方式。其基本原理是用 Y-Δ 型结线的变压器把一回三相交流电每相偏移180°，与另一回三相输电线路共同构成六相输电系统。该六相输电系统采取了三种继电保护方式，分别是电流差动保护，方向比较保护和距离保护。该示范性线路共投运了两年，纽约电力电气公司对它的研究和测试取得了丰硕的成果。

多相输电的技术特点如下：

（1）多相输电理论是把发出的电能转换成六相、九相、甚至十二相进行传输。一个典型的三相输电系统，相与相之间相差120°。在三相系统的基础上再把每相旋转180°就可以得到六相系统，六相系统的相间电角度将减少为60°。若保持相间电压不变，则相对地电压将得以提高，这意味着在相同电压等级的条件下，采用六相输电方式将比采用三相输电方式能够输送更多的电能。另一方面，若保持每相对中性点的电压不变，则多相输电系统的相间电压将会减小，这意味着线路对相间绝缘的要求降低，从而可以减小相间距离，多相输电线路的杆塔可以建得更轻巧，更紧凑。

（2）多相输电线路与三相输电线路相比具有许多潜在的优势，它具有较低的相间电压，轻巧的杆塔结构，较窄的架线走廊和较大的输送能力，易于与现有三相系统协调、兼容运行，且对高压断路器触头断流容量的要求较低等。进一步的研究与试验显示，多相输电线路运行的可听噪声、无线电干扰、地面电磁场等环境指标均优于三相线路。

多相输电目前存在的问题主要包括：

（1）为了避免多相输电线路复杂的换位，又保证各相参数平衡，必须将多相线路的各相导线排列成正多边形，这使得六相及以上的多相导线悬挂困难，杆塔结构复杂，线路造价上升。

（2）随着线路相数的增加，多相输电线路的故障组合类型迅速增加，这给故障的分析计算、继电保护的设计及整定增加了难度。

根据我国能源资源分布和电力负荷增长的现实情况，大容量、远距离的西电东送与南北互送势在必行，而线路走廊却要受到地理环境等多种因素的制约。为了提高线路的输送功率，节省架线走廊，提高输电线路的环境友好程度，多相输电技术的研究将为我国交流输变电工业的发展提供一条新的选择途径。

2.6.2 分频输电

分频输电是为大规模、长距离输电而提出的一种输电方式，其核心是用较低的频率（如 50/3Hz）发电和长距离输电，以减少交流输电线路电气距离，提高系统传输能力，然后用倍频变压器将低频电力还原为 50Hz 向工频系统供电。

交流电力传输是一个波的传播过程，当输电频率降至 1/3 时，输电线路的电气距离也缩短至 1/3。众所周知，影响交流电输送能力的主要是其输变电系统的电抗 X，而 $X = 2\pi fL$，与频率 f 和电感 L 成正比，当频率降为 50/3Hz 时，电抗也下降到 1/3，因而其极限功率 $P_{\max}$ 将按式（2-5）提高三倍：

$$P_{\max} = \frac{U^2}{X} \tag{2-5}$$

式中：U 为输电系统额定电压。

此外，在线路无功功率 Q 不变的情况下其电压损耗 $\Delta U\%$ 也按式（2-6）在降低为 1/3，

$$\Delta U\% = \frac{QX}{U^2} \times 100 \tag{2-6}$$

因此，分频输电可以大幅度提高输电能力，改善电压跌落情况。分频输电的结构如图 2-41 所示。低转速水轮机或风机带动发电机发出 50/3Hz 的交流电，经升压后通过输电线将电能送到受端系统，经倍频器将电能转换为 50Hz 交流电并网。

图 2-41　分频输电系统结构图

在水电、风电等可再生能源发电系统中，由于发电机转速较低，十分适合利用分频进行发电和输电，并在并网时转换为工频。历史上曾出现过 25、50/3、50、60、133Hz 的电网。1896 年布法罗水电向纽约送电采用的是 25Hz，究其原因是水电机组转速很低，适合发出低频电力。当燃煤气轮发电机组逐渐成为电源的主力时，由于这类机组要求较高的转速（频率）以保证其经济性，因而 50、60Hz 才逐渐成为电网的标准频率。

实验表明分频输电系统是易于实现的，交——交变频器并网过程比较平稳，其暂态电流在小于 0.1s 周期内即衰减完毕。发电机实验的最大输出功率达到了 20kW（已到实验设备的额定功率），根据模拟理论，相当于实际 500kV 输电线路功率应为 2000MW。对于 50Hz 交流电来说，上述 1200km 输电线路的理论极限功率小于 800MW，两者比较可以看出，分频输电的实际输送功率为常规交流输电功率极限的 2.5 倍。

分频输电系统的关键设备是倍频器，倍频器可以采用铁磁型或电力电子型。随着新型材料的出现及电力电子技术的发展，各种用途的大功率变频器正不断被开发出来，为分频输电提供了新的支持。

分频输电在大规模、长距离输电及风电并网领域均具有较好的应用前景。

2.6.3 半波输电

半波长交流输电是指输电的电气距离接近一个工频半波，即 3000km（50Hz）的超远距离三相交流输电。

随着超远距离大功率传输需求的不断增加，半波长交流输电技术，尤其是特高压半波长交流输电再次受到关注。半波长交流输电技术的优点之一是半波长交流输电线路的功率因数高，且在输电距离等于或稍大于半波长的情况下，其结构比任何可能的超远距离交、直流输电系统都更为简单；再者，对于发展中国家而言，交流输电设备的制造比换流装置的引进和维护更为经济。

半波长交流输电的输电距离接近一个工频半波，即 3000km（50Hz）或者 2500km（60Hz）。研究的半波长电力系统如图 2-42 所示，线路 MN 长 3000km，电压等级为 1000kV，线路左侧与电厂群相连，右侧连接大电网，正常运行时潮流方向从 M 侧流向 N 侧。

图 2-42 半波长交流输电系统结构图

与传统交流输电相比，半波长输电具有以下显著优点：

（1）半波长交流输电线路的中点电压与接收端电流的大小成正比，中点电流与接收端电压的大小成正比。

（2）半波长交流输电线路中无需安装无功补偿设备。无论一条无损半波长传输线的负载是多少，线路本身并不发出或吸收无功功率。线路上的电压会随着线路的负载而自动调节，线路电容发出的无功会被线路本身的电感所消耗。

（3）半波长交流输电线路首末端的电压稳定性极好。在一条无损半波长线路中，由于无功功率的流动十分有限，无论负载的大小，线路两终端的电压都是稳定的，实际中可通过发送端和接收端系统将线路两终端电压值稳定在额定值附近。

（4）从功率传输角度考虑，一条半波长无损线路等同于一条极短电气距离的线路。一条首末端相角差为 190° 的半波长线路，在线路两端电气量的关系上等同于一个相角差为 10°的系统。设计时要求发送端的发电机端口电压与接收端电压的相角差应至少在 190°以上。

（5）半波长交流输电线路上不宜装设开关站。因为线路故障而由开关设备断开故障段时，线路分段将产生很大的暂态过电压，在线路两端引发巨大的无功功率潮流，同时可导致系统失稳。

（6）输电能力很强，经济性很好。超/特高压半波长交流输电的经济性与常规超高压交流输电线路相比大幅提高，据巴西初步测算，1000kV 半波长交流输电单位长度、单位功率的输送费用为 500kV 线路输电费用的 29.8%，甚至在这种特定的超远距离送电情况下，半波长交流输电的经济性要优于高压直流输电。作为参考，在±800kV 的 UHVDC 方案中，其额定功率选为 5000MW，输电距离定在 2000km，而一回特高压半波长交流输电可以输送 5GW 左右的电力。

半波长交流输电独有的经济与技术优势，使其可作为中国未来超远距离输电的选择方案之一。但是半波长输电技术仍存在一些不足：

（1）现有半波长交流输电的人工调谐方案并不完善，需综合考虑经济性、对系统传输功率和沿线过电压等的影响，进一步加以改进。

（2）半波长交流输电传输功率大，线路长，如何提高系统的稳定性和供电可靠性，是半波长交流输电技术的一个关键问题。特别是半波长双回输电线路的运行与维护技术，需要重点研究。

（3）半波长交流输电线路的潜供电弧现象严重，快速接地开关的分布配置、开关之间的动作配合、动作的可靠性等，都有待进一步研究。采用零序阻抗进行补偿，具有较好的实用价值，可供未来选择；准确测量故障点处的电压以及潜供电流值，并能实时计算补偿指令值，是该方案的技术关键。

（4）过电压水平高是半波长交流输电的缺点之一。应综合评估各种工况，考虑线路各段可能产生的最大过电压，进行预防控制；同时发展新的过电压抑制方法，制定适宜于半波长交流输电线路的绝缘配合方案。

（5）超远距离输电线路，特别是超、特高压半波长交流输电线路，电晕损耗巨大，严重影响着线路功率的传输效率。应进一步研究其电晕特性，综合分析其对线路产生的综合影响。

半波长输电技术在 20 世纪 40 年代由苏联专家提出，并开展了一部分初期的理论研究。1965 年，美国的 F. J. Hubert 和 M. R. Gent 在 IEEE 权威杂志上发表了第 1 篇关于半波长输电的论文，在一种调谐式的半波长输电线路的基础上对半波长输电的科学理论和主要问题进行了介绍，并对半波长输电的调谐方案做出了一定的探讨。1969 年，印度的 F. S. Prabhakara 等在前者的基础上做了大量的仿真计算，在对数据进行分析处理后，在 IEEE 上发表了 2 篇关于半波长输电技术的论文，对自然半波长传输线和调谐半波长传输线的一些主要特征和主要问题进行了阐述。但是由于当时对这种超远距离、大容量输电的需求并不高，因此国外对这项技术的后续研究力度并不大，只是少数科学家在实验室进行理论研究，取得的突破成果并不多。到了 20 世纪 80 年代末 90 年代初，意大利的几位科学家对半波长输电技术进行了进一步的研究，针对其工程技术上的一些难点提出了一些解决的办法，并使用电磁暂态分析软件 EMTP 对半波长输电进行了模拟仿真计算，取得了一定的成果。半波长输电技术作为一种远距离、大容量的交流输电方式，具有很强的吸引力，近年来许多国家对此都展开了积极的研究。例如，巴西为把亚马逊流域的大水电送到负荷中心，把半波长输电作为十分有竞争力的备选方案进行了研究；韩国也研究通过使用半波长输电把西伯利亚的水电送至本国。

我国电力发展战略中，远距离、大容量的输电方式不可避免。例如，一些西部的能源基地到沿海负荷中心距离约为 3000km，输电距离恰好接近半波长输电要求的工频半波长范围，因此可以考虑将半波长输电技术作为这些大容量电力送出的一种方案进行可行性研究。完善对半波长输电技术的理论研究，不仅对我国电力系统的规划和运行具有十分重大的意义，也必将在世界范围内具有重要的影响。

3

配 电 新 技 术

3.1 智能配电规划及运行技术

3.1.1 智能配电系统结构及配电模式

目前，我国的配电系统基本按照环网建设、开环运行的模式发展，开环运行具有运行方式简单，保护自动化装置易于配置等优点，但同闭环运行模式相比，可靠性水平会有所降低。随着配电系统智能控制技术水平的提高，网格状的闭环配电系统运行结构将显现出明显的优点：①易于实现故障后的网络自愈；②可使负荷功率在馈线间自由流动，易于均衡配电系统馈线间的负荷，进而提高资产利用率并降低系统能量损耗；③可显著提高配电系统接纳可再生能源的能力。总之，这样的配电系统结构具有灵活性强、可控性强、可靠性高等优点，将来必然获得广泛应用。

过去 100 年来，全世界的配电系统都是以交流为主，未来的配电系统可能会出现交流与直流配电共存的局面。发展直流配电源于多方面的因素：①在未来的配电系统中，大量电力电子变换装置的应用（特别是智能电力电子变压器的应用），使得向用户低成本直流供电成为可能；②在大量实际用电设施中，目前虽然以交流供电为主，但最终还是要将交流转换为直流。据美国统计，美国可直接由直流供电的负荷达到 250TWh/年，直接向一些用电设备提供直流电可以避免电能转换过程中产生的损耗；③未来配电系统中将存在大量分布式电源，包括储能装置，这些电源将向负荷就地供电，很多这样的电源（如：光伏、燃料电池等）直接输出直流电更加容易，利用这些电源形成直流微网向负荷供电也更加容易；④直接向电动汽车这样的负荷提供直流电源，更易于控制，同时可以降低设备成本；⑤未来的配电系统中，电力用户对供电服务的差异性要求将更加明显，有些负荷对供电可靠性的要求更高，有些则可能需要低可靠性供电；有些需要交流，而有些则需要直流。交、直流并存的多样化配电模式将成为未来配电系统最显著的特点之一。

这一领域研究的目的就是要探索出适宜接纳大规模分布式能源、能够向用户提供差异化（电能质量差异化、电压等级差异化、交直流供电模式差异化、供电可靠性差异化等）服务、便于集成数量众多模式各异的电动汽车充放电设施、有助于用户与电力系统间互动、有助于配电系统市场化策略实施的灵活高效的配电系统新结构和新型配电模式。

3.1.2 智能配电系统优化运行与自愈控制

未来智能配电系统面临的运行环境将与现在有显著的不同，大量分布式电源和微网的存在、大量电动汽车充放电的需求、电力用户与配电系统间的全面互动，这些对智能配电系统的优化运行提出了新的挑战，而高可靠性、高供电质量、高运行效率等是对配电系统的运行水平提出的更高的要求，这些都有赖于先进的智能配电系统优化运行技术作为支撑。这些优化运行技术体现在多个方面，例如：

（1）高级配电自动化。高级配电自动化（Advanced Distribution Automation，ADA）是对常规配电自动化技术的继承与发展，是配电自动化的发展方向。ADA 要适应分布式电源、微网、电动汽车充放电设施、智能化配电设备与柔性配电设备的大量接入，满足功率双向流动的监控需要。它采用分布式智能控制，实现广域电压无功调节、快速故障隔离等控制功能。与传统配电自动化相比，高级配电自动化功能更加强调系统应对各种运行条件变化的"智能化"。

（2）快速仿真与模拟。快速仿真与模拟包括配电元件建模、负荷预测、三相不平衡潮流计算、三相不平衡状态估计，其目标是实现系统预测分析、自动配电网络重构、自动电压无功控制、自动故障定位与隔离等。DFSM 可以为操作人员在复杂电网环境下提供管理决策方面的支持，它通过利用实时监测数据对配电系统的行为做出仿真，保证自动优化系统的可靠运行和控制。

（3）自愈控制。其目的是及时发现、预防和隔离各种可能的故障和隐患，优化系统运行状态并有效地应对系统内外发生的各种扰动，抵御外部严重故障的冲击，具有在故障情况下维持系统连续运行、自主修复故障并快速恢复供电的能力，通过减少配电网运行时的人为干预，降低扰动或故障对电网和用户的影响。这一功能的实现需要配电网具有灵活的可重构的网络拓扑结构，依赖于能源与通信系统的集成体系提供的底层通信能力，有赖于高级配电自动化、配电系统快速仿真与模拟、分布式电源及微网的运行管理、电动汽车充放电设施管理、需求侧管理、智能调度等高级应用提供技术基础与支撑。

（4）综合智能调度。目的是实现配电系统与微网、电动汽车充放电设施、智能用电设施等的一体化、可视化经济调度，优化系统运行的效率，实现负荷的移峰填谷，保证用户的可靠供电。

3.2 配电信息系统

许多工业国家的电力公司早已开始建设信息系统，其应用范围覆盖各个方面，如设备管理系统（Asset Management System，AMS）、线路和状态管理系统、作业管理系统、地理信息系统（Geographic Information System，GIS）、表计和负荷管理系统、电话投诉管理和处理系统（Trouble Call Management，TCM）等。自从配电管理系统（Distribution Management System，DMS）的概念提出以来，作为配电信息系统的最重要组成部分，DMS 几乎出现在世界范围内所有电力 SCADA（Supervisory Control And Data Acquisition）系统，即数据采集与监视控制系统/能量管理系统（Energy Management System，EMS）厂家的产品目录上，但世界各国研究机构对 DMS 的定义却存在一定的差异。根据传统

SCADA/EMS 的定义，DMS 应与 EMS 相对应，是服务于配电网调度控制的高级应用软件。DMS 既包含对应配电网调度运行的配电自动化系统（Distribution Automation System，DAS）和一系列高级应用软件，也包含改善用户关系和事故反应能力的电话热线系统，同时还涵盖了自动作图（Automatic Mapping，AM）/设备管理（Facility Management，FM）/地理信息系统、停电管理系统（Outage Management System，OMS）、工作票和操作票管理系统（Working bill and the Operating bill Management，WOM）等维护检修方面的信息系统。依此定义的 DMS 在基础数据和业务功能上可以满足配电系统的各种应用功能。针对各类服务对象的信息系统的主要功能包括：

（1）针对设备管理的配电信息系统。该类信息系统目前主要依靠 AM/FM/GIS 来实现，该系统可以将配电系统中的各种信息与反映地理位置的图形信息有机地结合在一起，实现具有拓扑结构和分析功能的空间数据库系统，为图形和非图形信息的处理提供强有力的手段，为供电部门提供智能化决策和控制。AM/FM/GIS 不仅可以为设备管理、用电管理和规划设计等离线系统提供直接支持，还可以为配电 SCADA 和投诉管理系统提供间接的地理信息支持。

（2）针对客户需求管理的配电信息系统。该类信息系统主要依靠电力营销管理信息系统（Power Marketing and sales Management Information System，PMMIS）和投诉管理系统来实现。电力营销管理信息系统主要实现电力客户基本信息及其电量和负荷情况的管理；投诉管理系统主要应对用户打来的大量故障投诉电话，通过与调度工作管理的相关系统相协调，快速、准确地根据发生故障的地点以及抢修队目前所处的位置，及时派出抢修人员，使停电时间最短。

（3）针对工作控制管理的配电信息系统。该类信息系统主要依靠配电工作管理系统（Distribution Job Management，DJM）或管理信息系统（Management Information System，MIS）来实现。该类信息系统主要实现的功能是根据系统内部的标准化工作流程，控制和管理电力企业各部门工作，一方面保证各类工作的实施质量，另一方面促进部门内和部门间工作的协调。

（4）针对调度工作管理的配电信息系统。该类信息系统由于涉及各类配电系统在线和离线分析的功能，因此依靠众多的信息系统来实现。这些系统主要包括网络分析和优化系统、负荷管理/控制系统（Load Management System，LMS）、配电自动化系统（Distribution Automation System，DAS）和调度员模拟培训系统（Dispatcher Training System，DTS），其中 DAS 还包括配电 SCADA、变电站自动化（Substation Automation，SA）、馈线自动化（Feeder Automation，FA）以及监测与无功补偿系统。

（5）针对信息整合管理的配电信息系统。该类信息系统主要依靠配电一体化信息平台来实现。该平台主要实现的功能是建立统一的数据模型、接口标准和共享机制，实现各类配电信息资源的无缝集成。

我国在配电信息系统方面的研究和应用虽然起步较晚，但发展较快。与国外众多电力软件厂商相对，国内相关企业无论在信息系统规模上还是在功能深度上均具备了相当的研发实力和经验。同时，随着近年来电力企业信息化建设力度的加强，不仅配电 GIS、

SCADA/EMS、负荷控制、客服、营销等服务于日常工作的信息系统陆续在各级电力公司投入运行，而且电网评估与规划、市场开发辅助决策等高级决策支持系统也已日益受到关注。

随着配电系统自动化、智能化程度的提高，越来越多的业务信息，包括大量的量测数据、运行管理信息、营销与客户服务信息等，都需要通过网络进行数据传递。海量数据的存储和传输给控制系统和数据网络的安全性、可靠性和实时性提出了新的挑战。在未来的智能配电系统中，将通过建立层次分明、按需共享、完整高效的信息体系与架构，实现智能电网各种信息子系统（如：智能配电网优化规划系统、智能化监控系统、能量综合管理系统、用电信息系统等）的有效集成、数据共享。在统一模型、统一接口的基础上实现海量数据的信息融合和数据挖掘，建立高度安全、可靠的运行环境，为配电运行与管理人员提供决策数据支持，实现关键业务子系统的稳定运行。

3.3 量测和通信技术

量测和通信技术是配电系统信息化和数字化的基础，也是提高配电网总体运行和管理自动化水平，向智能配电网发展的基础。

配电网的数据采集及监控功能除了具有数据采集、报警、事件顺序记录、事故追忆、遥控、遥调、计算、趋势曲线、历史数据存储和打印等传统功能外，还支持无人值班变电站接口，实现馈线保护的远方投切，定值的远方设置和修改，线路动态着色，地理接线和地理信息系统（GIS）集成等功能。SCADA 功能覆盖了高、中压的配电网，并正在向低压发展，其范围也随着试点范围的扩大在不断扩大。

配电网的数据采集及监控有两个明显的特点：

（1）所采集的数据和监控对象来自分布在广大地域的配电线路、一次设备以及配电终端，它们大多运行在温度变化剧烈、环境污染、电磁干扰、存在外力破坏可能性的恶劣环境中，要求它们及连接它们的通信系统具有很高的可靠性；

（2）包括 SCADA 在内的所有配电自动化功能必须在 GIS 的支持下实现。高级量测体系（Advanced Metering Infrastructure，AMI）是建设统一坚强的智能电网的基石。AMI 主要包括智能电表，通讯网络，计量数据管理系统（Metering Data Management System，MDMS）和用户室内网（Home Area Network，HAN）四个部分。

1）智能电表。可以定时或即时取得用户带有时标的分时段的（如 15min，1h 等）或实时（或准实时）的多种计量值，如用电量、用电功率、电压、电流和其他信息，事实上已成为电网的传感器。

智能电表能够作为电力公司与用户户内网络进行通信的网关，使得用户可以近乎实时地查看其用电信息和从电力公司接收电价信号。当系统处于紧急状态或需求侧响应并得到用户许可时，电表可以中继电力公司对用户户内电器的负荷控制命令。

值得一提的是，智能电表不仅仅局限于终端用户，有的电力公司也计划在配电变压器和中压馈线上安装电表。其中的一部分将与实时数据采集和控制系统相结合，以支持系统监测、故障响应和系统实时运行等功能。

2）通信网络。采取固定的双向通信网络，能把表计信息（包括故障报警和装置干扰报警）近乎实时的从电表传到数据中心，是全部高级应用的基础。

AMI 采用固定的双向通信网络，能够每天多次读取智能电表，并能把表计信息包括故障报警和装置干扰报警近乎实时地从电表传到数据中心。常见的通信系统的结构包括分层系统、星状和网状网、电力线载波，可以采用不同的媒介来向数据中心实施广域通信，如电力线载波、电力线宽带、铜或光纤、无线射频、因特网等。

3）计量数据管理系统（Metering Data Management System，MDMS）。这是一个带有分析工具的数据库，通过与自动数据收集系统配合使用来处理和储存电表的计量值。

MDMS 通过与 AMI 自动数据收集系统的配合使用，处理和储存电表的计量值。ADCS 按照预先设定的时间或由事件触发的任何时间把智能电表的计量或报警信息取回数据中心。通过企业服务总线将数据与其他系统分享。一些实时运行需要的信息会直接转发到相关的系统 MDMS 从企业服务总线取得数据后。对其进行处理和分析，然后按要求和需要传给其他对实时性要求不高的系统，如用户信息系统、计费系统、企业资源计划、电能质量管理、负荷预测系统、变压器负荷管理。

MDMS 的一个基本功能是对 AMI 数据进行确认、编辑、估算，以确保即使通信网络中断和用户侧故障时，流向上述信息系统或软件的数据流也是完整和准确的。

4）用户室内网（Home Area Network，HAN）。通过网关或用户入口把智能电表和用户户内可控的电器或装置（如可编程的温控器）连接起来，使得用户能根据电力公司的需要，积极参与需求响应或电力市场。

HAN 中一个重要的设备是处于用户室内的户内显示器。它接受电表的计量值和电力公司的价格信息并把这些信息连续地近于实时地显示给用户，使得用户及时和准确地了解用电情况、费用和市场信息。鼓励用户节约用电，根据市场或系统的要求调整他们的用电习惯，如把一些用电调整至系统需求低谷时段。根据不同的项目实验，这些措施可降低峰荷 5% 以上。HAN 也可根据用户的选择来设定，根据不同的电价信号进行负荷控制，无需用户不停地参与用电调整。同时，它还可以限定来自电力公司和局部的控制的动作权限。

HAN 的用户入口可以是不同的设备，如电表、相邻的集中器、电力公司提供的独立的网关或用户的设备（比如用户自己的因特网网关）。

将 AMI 与下一代通信技术（智能光网络技术、软交换技术、宽带 IP 光纤网络、统一通信技术、无线通信技术以及家庭插电联盟、BPL 电力线载波技术）相结合，是未来配电网建设发展的趋势。

3.4 配电新技术与新装备

未来智能配电系统中将要采用的配电新技术与新装备涉及的领域很广，传感技术、电力电子技术、信息技术、通信技术、分布式计算与仿真技术、新能源技术与新材料等都将会给配电系统的一次与二次系统带来革命性的变化。新技术、新装备的采用将会使未来的配电系统与现在的配电系统在保护控制模式和运行模式等方面带来明显的变化。

（1）智能化配电设备。与当今配电系统不同，未来配电系统的可观测性将大为提高，无线传感器、光纤传感器、智能传感器、电子式电压和电流互感器等新型传感检测技术将获得广泛应用。未来在提高电气信息量测量的精细化程度和实时性的同时，诸如设备的局放信息、噪音信息、温度信息等也将更加受到重视。这些测量信息将不仅成为配电系统的自动化系统、量测系统、运行调度系统的数据基础，同时也将被广泛应用于设备的状态检测、状态检修、故障诊断以及资产的优化管理等各个方面，为基于可靠性的故障、全生命周期的资产管理创造条件，也将为更加科学的配电系统规划设计提供数据支持。这些新型的传感检测技术将会与配电系统一次设备（变压器、开关、配电柜、线路等）加以集成，使他们成为智能化的配电设备。未来的智能配电系统中，所有的一次设备都将具有信息就地分析处理功能，并可实现设备间的信息交互，这将大大提高设备的智能化水平。发展实现配电设备智能化的方法，研制智能化配电设施将是建设智能配电系统的基础。

（2）柔性配电技术。指配电系统中所采用的电力电子技术，主要包括三类：①配电系统电能质量相关技术，如静止无功补偿器（SVC）、静止同步补偿器（D-STATCOM）、有源滤波器（APF）、动态电压恢复器（DVR）等；②固态电力设备，如电力电子开关、电力电子限流器、电力电子变压器等；③柔性潮流控制技术，如统一潮流控制器，潮流路径转换开关等。同传统的配电技术相比，柔性配电技术最大的优点就是响应速度快、控制灵活、易于实现智能化。与现在的配电系统不同，未来的配电系统中柔性配电技术将会广泛存在。各种电能质量控制技术将会帮助用户获取所需电能质量的电能，实现定制电力技术；电力电子开关及电力电子限流器的快速响应性将有助于提高用户的供电可靠性，而大量电力电子变压器的应用将会使得用户可以方便地获取所需电压等级的交流或直流电能；柔性潮流控制技术将有助于配电系统中的能量流在不同馈线间均衡流动，进而降低系统损耗，提高配电系统资产利用率。与现代配电系统截然不同，基于柔性配电技术，用户将可以自由选择电能的供应路径（可来自指定电源）、电能的质量、电能的电压等级，电能的交/直流供应模式、电能的可靠性水平等，真正实现配电系统中能量流的完全可控。

无论是配电设备智能化技术，还是柔性配电技术，在配电系统中的广泛应用都将会给配电系统带来革命性的变化。未来不仅这些技术本身需要开展有针对性的研究工作，由于这些新技术将使得未来配电系统的运行和管理更加复杂，也向配电系统的建设者和运行者提出了新的挑战。

4

用 电 新 技 术

4.1 微网

美国电气可靠性技术解决方案联合会（Consortium for Electric Reliability Technology Solutions，CERTS）的微网定义为：微网是一种由负荷和微电源共同组成的系统，它可同时提供电能和热量；微网内部的微电源大多数为电力电子型的，其控制的灵活性可确保微网作为一个集成系统运行；微网相对于外部大电网表现为单一的受控单元，并可同时满足用户对电能质量和供电安全等的要求。从微网的定义可以看出微网与分布式电源的一个很大的不同之处是，微网既可以被看做是电源，也可以被看做是负荷。CERTS 给出的微网结构如图 4-1 所示：

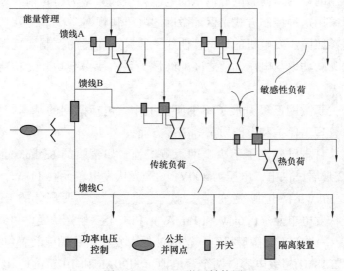

图 4-1　CERTS 微网结构图

欧洲的微网主要包括以下内容：①分布式电源分为不可控、部分可控和全可控三种，可冷、热、电联供；②配有储能装置；③使用电力电子装置进行能量调节。

综合美国以及欧洲等国的微网，其共同的特点是微网中的微电源大多是电力电子型的，与同步发电机相比惯性很小，通常无法满足在功率瞬间变化时对负荷平稳供电，因此微网中需要配备储能装置来平衡功率差值，保证电能质量。微网的组成主要有微电源、储能装置、负荷、馈线、保护、隔离装置（静态开关），以及可能需要的通信装置。

　　微网的运行模式主要有两种：并网运行和独立运行。微网的控制策略是实现这两种控制模式以及在这两种模式之间切换的必要手段。目前主要有两种微网控制策略：主从控制（分层控制）和对等控制。主从控制（Master Control）微网中的微电源分散安装在微网的不同母线上，主控制系统通过通信装置实现对微网中所有微电源和储能装置的控制，满足负荷需求，保证微网正常运行需要的电压和频率。对等控制（Peer-to-Peer Control）微网中的微电源之间相对独立，地位相等，不需要通信联系，通过分布式电源的控制来维持电压和频率的稳定，通常采用下垂控制进行功率分配，这种控制策略可以实现微电源的即插即用功能，实现了微网和微电源运行的灵活性。

　　微网中的微电源大多是电力电子型的，微电源的控制方式对微网的运行起了关键性的作用。微电源的控制方式主要有三种：恒功率控制（PQ Control）、恒压恒频控制（V/f Control）和下垂控制（Droop Control）。

　　恒功率控制的目的是使微电源输出的有功功率和无功功率等于参考功率。通常微网中的微电源采用这种控制方式，由于电源的输出为恒定值，所以由负荷变化等原因引起的功率缺额都由配电网来承担。当微网独立运行时，可以通过下垂控制来调节微电源的出力，以保证微网内的功率平衡，然而如果微电源均采用恒功率控制，则不能维持微网内的电压和频率的稳定。

　　恒压恒频控制的目的是使微电源输出的电压幅值和频率为恒定值。独立运行的微网中必须有微电源采用这种控制方式来保证微网的电压和频率。

　　下垂控制是参照同步发电机的外特性曲线，通过逆变器的控制实现微电源的有功功率与频率，以及无功功率与电压幅值之间的线性关系，使得有功和无功功率在微电源之间的合理分配。

　　目前国内外关于微网已经开展了不少研究工作，包括微网的基本结构、控制方式、运行特性、能量管理、保护和电能质量等诸多方面。

　　欧盟、美国、日本已建立了不少微网示范工程，如希腊的 KythnosIslands Microgrid，该微网为岛上12户居民供电，电压为400V，6个光伏发电单元共11kW，1个5kW柴油机，1个3.3kW/50kWh蓄电池/逆变器系统，能独立运行。西班牙的 Labein Microgrid，包括两个单相光伏发电单元（0.6kW和1.6kW）和1个三相光伏发电单元（3.6kW），2个55kW柴油机，一个50kW微燃机，1个6kW风力发电机；储能装置包括1个250kVA飞轮储能，1个2.18MJ超级电容，两个蓄电池（1120Ah和1925Ah），该微网通过两个变压器（1000kVA和451kVA）连接到30kV中压网络。CERTS的试验示范工程包括3个100kW微燃机，3条馈线，其中两条含有分布式电源并能独立运行，该系统用于测试微网各部分的动态特性。日本的 Shimizu Microgrid，包含4个燃气轮机（22kW、27kW、90kW和350kW）、一个光伏发电单元（10kW），以及20kW铅酸蓄电池、400kWh NiMH蓄电池和100kW超级电容。

　　我国也已建成了数个微网实验示范工程，具备了一定的实际运行和仿真实验能力。如合肥工业大学的微网实验室包含10kW单相和30kVA三相光伏发电，2个30kW风力发电仿真平台，5kW燃料电池，300Ah蓄电池，1800F×100超级电容，模拟小型水力和燃气发电机的 2 组 15kW 传统发电机。中科院电工所初步建成的 200kVA 微网实验系统包含 3 个发电节点和 1 个储能节点，主要设备有微型燃气轮机热电联供系统、光伏发电模拟系统、风力发电模拟系统、柴油发电机系统、超级电容器与蓄电池混合储能系统、飞轮储能系统、组合电机负载、电阻负载、并网回馈单元、可调线路模拟电阻等；杭州电子科技大学微网实验室是由 120kW 太阳能光伏发电、120kW 柴油机发电、蓄电池储能系统、超级电容补偿系统、电能质量调节器、瞬间电压跌落补偿器、干扰发生装置和电能供需控制系统组成的并网光伏发电微网系统。

这些实验示范工程的建立对于进一步研究微网的稳态运行特性和动态响应特性，以及验证数字仿真模型的准确性具有十分重要的意义。

4.2 分布式电源

分布式电源是指在用户现场或靠近用电现场，由用户自行配置或独立发电商投资的较小容量的发电机组（典型容量范围在 15~10000kW），用以满足特定用户的需要，它既可独立于公共网络直接对用户提供电能，也可接入电网与公共电网共同对用户提供电能。根据美国分布式发电联合会研究表明分布式能源有潜力占据未来新发电容量的 20%。

分布式电源对应的发电技术包括小型内燃机发电机（含微汽轮机）、往复式发电机、斯特林发电机等以传统化石能源为燃料的发电机，燃料电池和太阳能、风能、生物质能等新发电技术和可再生能源发电技术以及蓄电池等储能设备。根据用户需求，分布式发电在电力系统实际应用中可以提供多种服务，包括备用发电、削峰容量、基荷发电或者作为热电联产装置同时满足区域热和电负荷需求。亟待研究的应用主要包括无功支持、电压支持、自动发电控制、黑启动和旋转备用等辅助服务。

分布式发电具有良好的环境效益。其中，可再生能源技术如风力和太阳能发电完全是绿色电力，而其他发电技术可以减少一种或者多种传统煤燃料发电带来的废气。以天然气为燃料的分布式汽轮机为例，它释放的 SO_2 是许多燃煤发电厂释放量的 1/4，释放 NOx 少于 1/100，而 CO_2 释放量则低于 40%。

尽管集中式发电容量大，燃料费用便宜而具有规模效益，但随着分布式发电技术水平不断提高，这种优势在可预见的未来将逐渐减少，并且集中式发电机以传统化石燃料为主要燃料，其污染控制费用也极大减少了其相对分布式发电机的经济效益。此外，电力改革导致电力工业所有参与者，无论是买方，还是卖方对市场都更加敏感。通过安装分布式发电可以避免传统集中式发电带来的"搁浅费用"。将分布式发电引入电力系统主要应用优势如下：

（1）在偏远、负荷突然增长地区，可以避免大量的输配电设备扩容费用。

（2）通过合理优化分布式电源在电网位置和容量，可以明显降低电网线路损耗。

（3）对于对可靠性要求较高的工业和商业用户、受到输配电网络潮流约束的地区，或者一些旋转备用边界正在减小、电力短缺的国家，分布式发电机组可以作为后备机组或者紧急备用机组提高系统供电可靠性，减少停电损失。

（4）发电系统在将燃料能量转化为电能的过程会产生大量热能，常规发电厂经常废弃了这些热能。分布式发电通过建立热电联产装置，可在居民区或商业区发挥供电供热双重作用，提高燃料利用效率并减少污染。

（5）在峰值负荷或者峰值电价时，允许用户自行安装的分布式发电机组卖电给电网公司，可以发挥削峰和抑制电价作用，具有较好的经济效益，并为用户安装分布式发电提供了经济动机。

（6）应用可再生能源或燃料电池等无污染或少污染的分布式发电技术，满足了世界环保用电、节能及可持续发展要求。

（7）分布式发电容量小、体积小的特征使其安装便捷，投资时间短，降低了安装费用和投资风险。

但是分布式发电引入系统也存在一些缺点：

（1）由于分布式发电安装在负荷中心，远离发电控制中心，为了保证分布式发电高效可靠运行，必须增加大量分散控制设备，这样往往比安装输配电设备更复杂并增加了服务费用。

（2）对于应用燃料的分布式发电机，可能造成大量的燃料运输费用。

（3）一些新兴的分布式发电技术如微汽轮机缺乏实际运行性能数据，投资者因对其运行可靠性、安全性缺乏了解而持谨慎态度，因此推广应用仍然具有一定风险。

（4）联网费用计算、收取标准难以制定。分布式发电接入系统可能会带来备用等辅助服务需求，它自由接入或者退出网络特点使配电公司对分布式发电投资商收费比传统发电机复杂，而且联网收费设置太高容易导致分布式发电和输配电系统投资收益水平不高。

分布式发电在世界各国蓬勃发展。在欧美，随着能源市场放松管制以及可持续发展战略的实施，分布式发电系统得到迅猛的发展。在我国，随着发电侧竞争机制的建立，"西气东送"工程的实施，也为分布式发电系统的发展提供了机遇。

4.3　电动汽车

电动汽车是全部或部分由电能驱动电机作为动力系统的汽车，按照目前技术的发展方向或者车辆驱动原理，可以划分为纯电动汽车、混合动力汽车和燃料电池汽车三种类型。其中，纯电动汽车以及可外接充电混合动力汽车需要交流电网通过能源供给基础设施为其提供电能，同时在适当的条件下其存储的电能也可以反向为电网供电，其发展与电网紧密相关，本文所述电动汽车只针对纯电动汽车以及可外接充电混合动力汽车。

近年来，世界范围内的交通能源战略转型推动电动汽车进入新的热潮。以美国、日本、欧洲国家战略实施为标志，电动汽车成为各国政府和世界主要汽车制造商所关注的重点。

动力电池是电动汽车的核心关键技术，成为世界主要国家和汽车制造商的投入重点。目前，锂离子电池技术性能快速提高，正在广泛应用于纯电动汽车和可外接充电混合动力汽车上；新一代动力电池基础开发研究已提上日程。

锂离子动力电池具有比能量高、循环寿命长、无记忆效应等优点，随着安全性能的提高，正被当前新一代电动汽车普遍采用。而可外接充电混合动力汽车的推出，又为锂离子电池的应用拓展了广阔的市场空间。据日本资讯技术综合研究所 2009 年最新统计显示：2008 年全球锂离子电池产量超过了 30 亿只，预计 2018 年全球锂离子电池产量（Wh）将达到 2008 年的 4 倍，其中电动汽车用锂离子电池将占总产量的 40%，车用锂离子电池将成为锂离子电池未来 10 年发展的主要方向。

目前，锂离子动力电池的能量密度能够达到 120Wh/kg 以上，分别是铅酸电池和镍氢电池的 3 倍和 2 倍，电池组寿命达到 10 年或 20 万公里，成本降至 1 美元/Wh，初步具备了产业化的条件。

我国自主研发生产出 6~100Ah 多个系列车用锂离子动力蓄电池，功率密度和能量密度等关键指标具有明显的进步。锂离子动力电池功率密度从 2002 年的 491W/kg 发展到 2008 年的 2000W/kg，上升了 4 倍多，电池模块的常规循环寿命达 1000 次左右。

近来，在国家政策的引导下，动力电池企业对产业化的投入急剧加强，生产配套能力显著增强。根据工信部中国电动汽车发展战略研究组调研结果显示：我国初步具备了动力电池产品的研发能力，包括基本生产装备设计制造能力，一些较大型具有竞争潜力的电池企业正在快速成长。

主要汽车制造商加快了纯电动汽车研发和量产步伐。日产汽车公司 2009 年 8 月 2 日发布量产版纯电动汽车 LEAF，计划 2010 年在日本、美国和欧洲市场销售。三菱汽车公司"i-MiEV"纯电动汽车已面向法人销售，2010 年 4 月起将向一般消费者出售。挪威 Think Global 公司计划 2009 年实现纯电动汽车产销 7000~10000 辆。雷诺已有两款纯电动汽车完成量产准备，计划 2011 年在欧洲推出。丰田和宝马等其他汽车公司也开发出小型纯电动轿车，并投入路试和示范运行。

纯电动汽车的市场推广开始起步。法国计划在 20 个城市推广使用 10 万辆电动汽车。以色列政府计划在未来 10 年内推广 100 万辆电动汽车，配套建设 50 万个充电桩。德国戴姆勒汽车公司和 RWE 能源公司将携手合作在国内兴建 500 个电动汽车充电站，德国汽车业联盟预计，2012 年以前德国将完成电动汽车的系列化，并拉开商品化生产的序幕。日本政府启动了纯电动汽车推广计划，3 年建设 1000 个以上的充电站，在电力、邮政行业全面推广电动汽车。美国旧金山等城市的电动汽车充电区域网络建设也陆续启动。

2009 年 1 月 23 日，财政部、科技部发布了《关于开展节能与新能源汽车示范推广工作试点工作的通知》，同时印发《节能与新能源汽车示范推广财政补助资金管理暂行办法》，在 13 个试点城市开展新能源汽车的示范应用，对示范运行车辆进行补贴。深圳、杭州、长沙—株洲—湘潭、上海等城市试点方案已经通过专家评审。据 863 计划节能与新能源汽车重大项目办公室不完全统计，2009 至 2012 年，在首批 13 个试点城市将有 5 万辆新能源汽车示范应用，预计将补贴 80.53 亿，其中纯电动汽车（含可外接充电混合动力汽车）2 万辆左右；在此基础上，预计可带动全国应用电动汽车 10 万辆以上。随着国内大规模商业化示范运行的推进，对能源供给设施的需求将快速增加。

5 储能新技术

5.1 电化学储能

5.1.1 储能电池的类型与应用

（1）钠硫电池。钠硫（NaS）电池以钠和硫分别用作阳极和阴极，Beta-氧化铝陶瓷同时起隔膜和电解质的双重作用。钠硫电池原材料丰富，能量密度和转换效率高；其缺点在于功率密度低，成本高昂且降价空间小。

钠硫电池最早发明于 20 世纪 60 年代中期。1992 年第一个示范储能电站投入试运行；目前世界上最大的钠硫储能电站（34MW/51MWh）在日本青森投入运行。2005 年我国上海市电力公司与上海硅酸盐研究所联合对钠硫电池开展研发，2007 年元月成功制备第一只容量达 650Ah 的单体钠硫电池并展开钠硫电池工程化技术研究；2007 年建成具有年产 2MW 单体电池能力的中试线，可以连续制备容量为 650Ah 的单体电池，拥有多项自主知识产权。目前电池循环寿命达到 360 次以上，比能量 150Wh/kg，电池前 200 次循环的退化率为 0.003%/次，但电池的性能稳定性仍是需要解决的问题之一。

从国际形势看，日本碍子株式会社在钠硫电池研发、生产和商业运营等技术上相对成熟，应用场合也最多，具备较多经验；从国内形势看，我国已在大容量钠硫电池关键技术和小批量制备（年产 2MW）上取得了突破，但在生产工艺、重大装备、成本控制和满足市场需求等方面仍存在明显不足，离真正的产业化还有较大差距。

（2）液流电池。氧化还原液流电池简称液流电池，最早由美国航空航天局资助设计，1974 年由 Thaller H. L. 公开发表并申请了专利。相比于其他化学电池，液流电池具有许多适用于电力系统领域的优点，例如功率与容量彼此独立，循环寿命长，可 100% 深放电而不影响电池寿命，可响应频繁充放电切换，原材料来源丰富且易于回收再利用等。但同时，液流电池也存在结构不紧凑、能量密度不高、效率低于 80% 等缺点。

已开展储能示范运行的液流电池体系包括锌/溴，多硫化钠/溴和全钒液流电池（Vanadium Redox Flow Battery，VRB）体系，应用领域多涉及负荷侧管理、削峰填谷、办公楼供电电源及紧急备用电源以及用于风电和光伏的配套等。前两种体系最终由于无法解决电池设备中溴气蒸发而不得不暂停示范，而全钒体系液流电池，由日本住友电气工业株式会社、加拿大 VRB 能源系统公司、澳大利亚的 Pinnacle 矿业公司等公司推动而迈向商业化应用，近年来得到长足发展，在日本、北美等地成功建立多处示范工程。

在我国，VRB 研究始于 20 世纪 90 年代，中科院大连化物所、中国地质大学、中国工程物理研究院电子工程研究所、广东工业大学、广西大学、东北大学、中国科学院金属研究所和中南大学等先后加入到 VRB 的研究中来。中国电力科学研究院电工研究所与中科院大连化学物理所合作建成国内最大的 100kW/200kWh 的全钒液流电池系统，在中国电力科学研究院开展试验示范。产业化方面，北京普能公司因与 2009 年初成功收购原加拿大 VRB 能源系统公司，而跃居成为目前世界上唯一能够提供商业化全钒液流电池储能系统的机构。

（3）锂离子电池。与其他化学电池相比，锂离子电池的优点体现在储能密度和功率密度都较高、效率高、循环寿命长等方面，因而具有广泛的应用场合和市场空间。随着锂离子电池制造技术的完善和成本的不断降低，锂离子电池用于储能将具有广泛的前景，许多发达国家也都十分重视这一研发方向。

美国电科院在 2008 年已经进行了 LiFePO4 锂离子电池系统的相关测试工作，并于 2009 年开展兆瓦级（1MW）锂离子电池储能系统的示范应用，主要用于电力系统的频率和电压控制以及平滑风电功率输出等。

中国是锂离子电池的生产大国，2009 年 7 月比亚迪公司建成我国第一座兆瓦级 LiFePO4 锂离子电池储能电站，用于平抑峰值负荷以及稳定光伏电站的输出；东莞新能源公司也正在进行高功率型钛酸锂（Li4Ti5O12）电池产品的研发及相关测试；而中国电力科学研究院于 2008 年建立电池特性实验室，并重点围绕锂离子电池成组技术、锂离子电池系统的实验与测试技术、锂离子电池储能系统集成技术以及锂离子电池储能系统的应用模式和接入条件等方面展开一系列工作，并初步取得一系列的研究成果。

（4）铅酸电池。铅酸电池是以二氧化铅和海绵状金属铅分别为正、负极活性物质，以硫酸溶液为电解质的一种蓄电池，距今已经有 150 年的历史，但它存在很多不足，包括循环寿命短，含有有害重金属等；近几十年随着铅酸电池性能的改进和成本的降低，其作为电动车用电源、不间断电源、军用电源等，已经在各个行业得到广泛应用，成为技术发展最成熟的电池类型。

目前世界各地已建立多项铅酸蓄电池储能系统示范工程，用途包括电力调峰、电网调频和离网式水力发电系统的后备电源等。目前世界上最大的示范储能电站是位于阿拉斯加的用于军用备用电源的 40MWh 示范项目。

目前中国铅酸电池产量超过世界电池产量的 1/3，成为世界电池的主要生产地，生产研发技术与国际先进水平差距已不明显。

价格便宜的铅酸电池在某些特定场合具有良好的应用，国际上在铅酸电池储能系统的应用方面也初步取得一定效果，对改良性铅酸电池和超级铅酸电池研发情况的跟踪，有一定意义。

（5）钠/氯化镍电池。钠/氯化镍电池是一种在钠硫电池的基础上发展起来的新型储能电池，至今已发展了三代，其电池组成材料无低沸点、高蒸汽压物质以及电池具有过充过放电保护机制等，从根本上解决了电池的安全问题，是该系列电池安全问题的重大突破。美国 GE 公司在过去 5 年里致力于钠/氯化镍电池技术的研发，具有独立研发电池模块及电池管理系统的能力。其研发的钠/氯化镍储能电池系统应用于混合动力机车可节省 10% 的燃油，设计使用寿命为 20 年，该机车于 2010 年 11 月试生产。

目前，关于钠/氯化镍储能电池的开发还处于起步阶段，对于钠/氯化镍电池面向大规模储能的具体应用场合还有待更深入的试验研究，离电池的标准化、规范化以及相应的检测和评价体系的建立还有一定的距离。

（6）其他先进电池。随着材料技术的发展与进步，一些研究机构也相继对很多新兴先进电池如锂硫电池、锂-空气电池、硅基负极、锡基合金负极等新型电池体系等开展研究，这一类先进电池将朝着具有更高比能量、高效率、长寿命、高安全性和低成本等方向发展。

5.1.2 储能电池基本原理与特性

作为一种新型电网元件，电池储能电站利用其有功、无功的四象限快速吞吐能力，在其并网运行过程中将对系统潮流、无功电压、系统稳定性、电能质量等造成影响。

储能的形式多种多样，每种储能都有其独特的优势，如表 5-1 所示。为了更好地发挥每种储能的优势，应选择合适的储能方式，针对不同的储能方式进行相应的控制策略的研究。本部分对储能的典型性能进行了介绍。

表 5-1　　　　　　　　　　储 能 系 统 性 能 比 较

蓄电池种类	能量密度	功率密度	循环放电次数	系统效率
铅酸电池	实际 12~18Wh/L，理论上 70Wh/L，30~50Wh/kg 或最高 160Wh/kg	300W/kg 以下	400~1000 次	70% 以下
磷酸铁锂电池	100Wh/kg，最高达到 400~500Wh/kg	663W/kg	2000 次以上	超过 99%
超级电容器	1000~2000Wh/kg	10000W/kg	10~50 万次	98%
钠硫电池	390kW/kg，最高可达 760wh/kg	150W/kg	2 万次以上	80%
全钒液流电池	实际 16~33Wh/L，理论 30~47Wh/L	166W/kg	1.6 万次以上	78%~80%

储能电池与光伏发电类似，电池发出或吸收的为直流电，通过变流器与电网相连，并网变流器的性能是决定储能电池运行特性的最主要因素。

5.1.3 储能电池仿真建模

（1）化学电池组模型。影响电池外特性的因素很多，包括电压、电流、荷电状态（Stage of Charge，SOC）、温度、内阻、循环寿命和自放电等。正是这么多的影响因素，使得电池自身的充放电外特性具有高度的非线性，其电气参数也具有很强的时变性，这使得建立一个准确反映电池完整充放电特性过程的性能模型非常困难。反映电池完整充放电过程的准稳态模型，如图 5-1 所示。模型包括主电路部分、时变特性部分和温度效应部分，由于过于复杂并不适合电力系统的机电暂态仿真。

结合图 5-1 电池准稳态模型与机电暂态仿真的要求，建立能反映电池外特性的电池性能模型，如图 5-2 所示：

图 5-2 中，E_0 为电池某个运行状态时的电池电势，与 SOC 有关，接近静置电压；

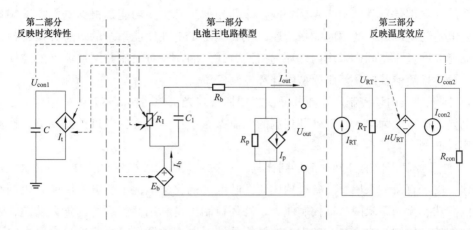

图 5-1　电池准稳态等效电路模型

R_b 为电池的欧姆电阻；R_p，C_p 为电池的极化电阻、电容，用以描述整个极化特性。

在电池储能系统中，通常需要根据容量、端电压以及单体电池的可串并联能力等因素确定电池串、并联的数目。按照串并联结构和单体电池机电暂态模型可得到电池组的机电暂态模型的等效电路如图 5-3 所示。

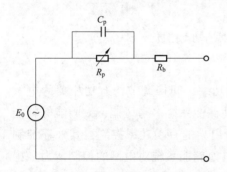

图 5-2 电池机电暂态模型的等效电路

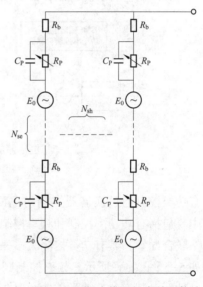

图 5-3　电池组机电暂态模型的串并联等效电路

图 5-3 中，N_{se} 为电池的串联个数；N_{sh} 为电池的并联组数。

实际工程中，电池储能系统为了保证电池组的输出特性、使用寿命等因素，同一系统的电池组会选择型号、性能一致的单体电池，并通过电池均衡技术使每一个单体电池在运行中保持在相同的运行状态。因此，可假设电池组内所有单体电池具有相同的模型参数和工作点，则图 5-3 的电池组可简化为图 5-4 所示的等效电路模型。

（2）DC/AC 换流器模型。并网换流器是电池储

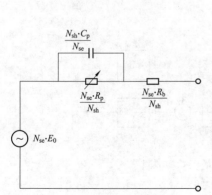

图 5-4　电池组机电暂态模型的简化等效电路

能系统的并网部件，其结构与光伏并网换流器相似。其主要功能是根据电网需求实现直流储能电池与电网之间的双向能量传递，主要决定了电池储能系统的暂态并网特性。目前，储能并网换流器同样采用内外环的控制方式。因此，对储能并网换流器的建模也分为两部分：换流器及内环控制模型、外环控制模型。

1）换流器及内环控制。储能并网换流器拥有与光伏并网换流器相似的结构，且其内环控制同样以电流为输入，以外环控制的电流参考值作为基准，经过控制环节和换流器装置实现并网。

2）外环控制。储能并网换流器同样具备有功、无功的解耦控制能力。与光伏发电系统相比，由于直流侧采用了具备有功快速吞吐能力的化学电池组，电池储能系统拥有更强大的有功、无功四象限解耦控制能力。外环控制正是利用储能系统的强大功能，通过换流器的外环控制策略调整，实现电池储能系统对电网的调控目标，这也主要决定了电池储能系统的暂态外特性。电池储能系统的外环控制策略主要分为两大类：有功类控制、无功类控制。有功类控制框图如图 5-5 所示。

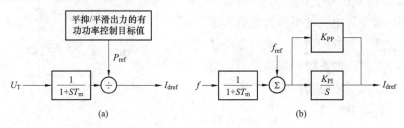

图 5-5　电池储能系统外环控制的有功类控制
（a）有功功率控制；（b）频率控制

有功类控制通过换流器控制与电网交换的有功功率，间接调节与有功相关的电气量，主要包括有功功率控制和频率控制。目前，电池储能系统多与风能、太阳能等新能源电站联合配置，其有功类控制大多采用平抑/平滑出力的有功功率控制，其外环控制模型如 5-5 图（a）所示。频率控制则是为了提高电池储能系统对电网的控制能力，提出的一种针对频率的有功类控制，其外环控制模型如图 5-5（b）所示，实际工程应用较少。

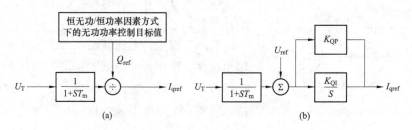

图 5-6　电池储能系统外环控制的无功类控制
（a）无功功率控制；（b）交流电压控制

无功类控制框图如图 5-6 所示。无功类控制通过换流器控制与电网交换的无功功率，间接调节与无功相关的电气量，主要包括无功功率控制和交流电压控制。无功功率控制多采用恒无功或恒功率因数的方式，保证换流器与电网交流的无功功率为其目标值，其外环控制模型如图 5-6（a）所示。交流电压控制则是利用换流器在有功类控制后的冗余容量为电网提供无功支撑，保持电压恒定，其外环控制模型如图 5-6（b）所示。实际工程中，为了保证换流器有功控制的裕度，一般采用无功功率控制。

5.2　飞轮储能

5.2.1　飞轮储能的基本原理与应用

飞轮储能的基本原理是把电能转换成旋转体的动能进行存储。在储能阶段，通过电动机拖动飞轮，使飞轮本体加速到一定的转速，将电能转化为动能；在能量释放阶段，飞轮减速，电动机作发电机运行，将动能转化为电能。

飞轮储能系统的基本结构如图 5-7 所示。

现代飞轮储能系统由一个圆柱形旋转质量块和通过磁悬浮轴承组成的支撑机构组成，磁悬浮轴承可以消除摩擦损耗，提高系统寿命。飞轮储能几乎不需要运行维护，寿命长（20 年或者数万次深度充放循环）且对环境无不良影响。飞轮具有优秀的负荷跟踪性能，可以用于那些在时间和容量方面介于短时储能和长时储能之间的应用场合。

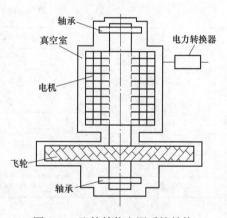

图 5-7　飞轮储能电源系统结构

早在 20 世纪 50 年代，瑞士苏黎世欧瑞康工程公司开发出飞轮储能巴士，并投入实际运行至 1959 年；1989 年日本研制出 230Wh/5kW 的飞轮不间断电源实验装置，钢质飞轮重 30kg，最高转速 30000r/min；目前美国宇航局格伦研究中心研制的储能飞轮转速达到 60000r/min；马里兰大学已完成储能 20kWh 的飞轮研制，系统效率为 81%；此外，美、日、德等国家正致力于研究采用高温超导磁悬浮轴承技术的飞轮储能系统，并取得一定进展。

国内从事与飞轮研究相关的单位包括清华大学工程物理系飞轮储能实验室、华中科技大学、华北电力大学、北京飞轮储能柔性研究所、北京航空航天大学、南京航空航天大学等，其中清华大学飞轮储能实验室为国内飞轮技术的领先者之一，于 1996 年开始 300Wh 飞轮储能样机研制，1997 年首次实现充放电实验，2003 年完成 500Wh 飞轮储能不间断电源原理样机，飞轮转速 42000r/min；华北电力大学研制的钢质飞轮极限转速 10000r/min，并成功进行了飞轮储能系统加速试验以及飞轮储能系统与电力系统同步运行控制试验，为研制大容量飞轮储能系统奠定了基础。

5.2.2 飞轮储能系统的关键技术

飞轮储能系统的结构主要有五部分：飞轮转子、支撑轴承、电动/发电机、电力电子控制装置、真空室。

飞轮是飞轮储能系统的关键部件；轴承是支撑飞轮的装置；电机可以在电动和发电两种模式下自由切换，实现机械能和电能的相互转换；电力电子控制装置主要实现对飞轮电机各种工作要求的控制；真空室为飞轮提供真空环境，降低风阻损耗和保护周围人员和设备。

（1）飞轮转子。飞轮转子是飞轮储能系统中最重要的环节，是实现能量转化的核心部件。

为提高飞轮的储能量，若可以有效解决转子材料选择、转子结构设计、转子制作工艺和转子的装配工艺这4个问题，就能有效增加飞轮转子转动惯量和提高飞轮转速。

1）材料的选择直接影响着飞轮储能系统的稳定性，不同材料飞轮的最大储能能力如表5-2所示。

表5-2　　　　　　　　　　　　不同材料飞轮的最大储能能力

飞轮材料	$\delta/(GPa)$	$\rho/(kg \cdot m^{-3})$	$e/(W \cdot h \cdot kg^{-1})$
W 玻璃纤维/树脂	3.5	2540	231.9
S 玻璃纤维/树脂	4.8	2520	320.6
Kevlar 纤维/树脂	3.8	1450	441.1
Spectra 纤维/树脂	3.0	970	520.6
碳纤维 T-1000/树脂	10.0	1780	945.7
高强度钢	2.7	8000	56.8
高强铝合金	1.3	2700	41.5

从表5-2可以看出，飞轮设计中，要选用一些低密度、高强度复合材料，如超强碳纤维等纤维或玻璃纤维—环氧树脂复合材料，以取得较优良的特性。

2）受限于复合材料缠绕加工工艺较复杂的限制，飞轮转子大多采用圆环形状。

3）湿法缠绕成本低、缠绕制品的气密性好，在复合材料飞轮的缠绕过程中采用湿法缠绕工艺。

4）多环过盈装配工艺能有效增强飞轮径向强度，在实际工程设计中多采用此法。

（2）支承轴承技术。飞轮轴承的摩擦损耗应尽量小甚至为零，这样可以有效提高飞轮系统的储能效率。轴承要同时承受飞轮本体重量和飞轮转子在高速旋转时引起的离心力，这就要求支承轴具有损耗少和强度高的特点。支撑轴承可分为机械轴承、磁悬浮轴承和组合式轴承等。

目前，飞轮储能系统经常选择几种轴承类型的组合形式：

1）永磁轴承与机械轴承相混合；

2）电磁轴承与机械轴承相混合；

3）永磁轴承与电磁轴承相混合；

4）永磁轴承与超导电磁轴承相混合。

（3）电动/发电机技术。飞轮储能系统中机械能与电能之间相互转换是依靠集成的电动/发电机来实现的，因此，电动/发电机性能的好坏直接影响着飞轮储能系统的效率。

目前条件下可选择应用于飞轮储能系统的电机有开关磁阻电机、感应电机、永磁电机等。表5-3给出了3种电机的相关性能参数对比。

表5-3　　　　　　　　飞轮储能系统的电机类型及性能参数对比

电机类型	永磁无刷直流电机	感应电机	开关磁阻电动
峰值效率/（%）	95~97	91~94	90
10%负载效率/（%）	90~95	93~94	80~87
最高转速/（r·min^{-1}）	>30000	900~15000	>15000
控制其相对成本	1	1~1.5	1.5~4
电机牢固性	良好	优	优

从表5-3比较结果可以看出，永磁电机具有效率高、能量密度大、维护方便、可在宽转速范围内高效率运行等特点，因此在飞轮储能系统中得到了广泛的应用。

（4）电力电子装置技术。飞轮储能系统中的动能和电能之间的转换是电动/发电机在电力电子装置的控制下实现的，电力电子装置的性能直接影响着飞轮储能系统的效率。输入电能时，电力电子装置将交流转化为直流驱动电机，使飞轮转速升高，存储能量；输出电能时将直流转化为交流并经过整流、调频、稳压后供给负载。而且电力电子装置的使用寿命也决定了飞轮储能系统的寿命。

（5）真空室技术。真空室是飞轮储能系统工作的辅助系统，起到提供真空环境、降低风损和屏蔽事故、保护工作人员的作用。

5.3　压缩空气储能

5.3.1　压缩空气储能的基本原理与应用

传统压缩空气储能系统是基于燃气轮机技术发展起来的一种能量存储系统，包括压气机、燃烧室及换热器、透平、储气装置（地下、地上洞穴或压力容器）、电动机/发电机5个主要部件，其工作原理如图5-8所示。在用电低谷，通过压气机将空气压缩并存于储气室中；在用电高峰，高压空气从储气室释放，进入燃气轮机燃烧室同燃料一起燃烧，提高空气温度，然后高温高压气体驱动透平发电机组发电。压缩空气储能系统的储能容量大、储能周期长、效率高，但是传统压缩空气储能系统必须同燃气轮机电站配套使用。

中国科学院工程热物理研究所公开了一种新型空气储能系统，超临界压缩空气储能

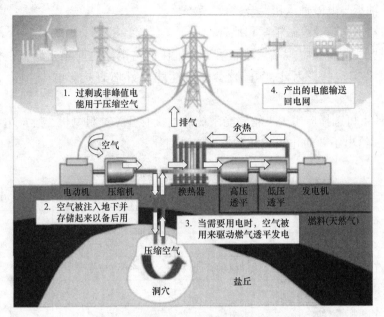

图 5-8　传统压缩空气储能原理示意图

系统，其系统原理如图 5-9 所示。它利用超临界状态下空气的特殊性质，使得压缩空气储能系统既能摆脱对化石能源的依赖，又能提高压缩空气储能系统的储能密度。其特点在于：在储能过程，采用电能将空气压缩至超临界状态，同时存储压缩热，并利用已存储的冷能将超临界空气冷却液化存储；在释能过程，液化空气加压吸热至超临界状态，同时回收液化空气的冷能，超临界态的空气进一步吸收压缩热经膨胀机做功发电。超临界压缩空气储能系统释能阶段采用的是多级再热膨胀机，该膨胀机膨胀比高，目前在国

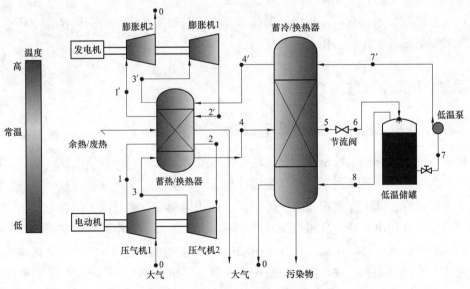

图 5-9　超临界压缩空气储能系统

内外公开的文献中，无此类高膨胀比再热膨胀机。多级膨胀机是超临界压缩空气储能系统关键部件之一，其性能直接影响储能系统效率，因此对于高效、稳定的多级膨胀机，非常有必要对其进行研究。

当前只有德国、美国、日本和以色列建成过示范性压缩空气储能电站。德国在1978年建成了世界上第一个压缩空气储能电站——Huntorf电站，压缩时输入功率约60MW，发电时的输出功率为290MW。在1979年至1991年间，曾启动过5000多次，平均可靠率达97.6%，实际运行效率约为42%。压缩空气储能的效率虽略高于抽水蓄能，但它需要相当巨大的地下储气洞（3万~50万 m^3），受到地质条件的限制。此外，还需要配以天然气或油等非可再生一次能源，因而至今无明显进展。

1991年建成的美国McIntosh电站是世界上第二座商业运行的压缩空气储能电站。该电站压缩时输入功率为50MW，发电时输出功率为110MW，可实现连续41 h空气压缩和26 h发电，实际运行效率约为54%。

我国对压缩空气储能系统的研究开发开始比较晚，大多集中在理论和小型实验层面，目前还没有投入商业运行的压缩空气储能电站。中科院工程热物理研究所正在建设1.5MW先进压缩空气储能示范系统。

5.3.2 压缩空气储能分类

根据压缩空气储能的绝热方式，可以分为两种：非绝热压缩空气储能、带绝热压缩空气储能。根据压缩空气储能的热源不同，非绝热压缩空气储能可以分为无热源的和燃烧燃料的非绝热压缩空气储能，带绝热压缩空气储能可以分为外来热源的和压缩热源的带绝热压缩空气储能。

无热源的压缩空气储能系统既不采用燃烧燃料加热，也不采用其他外来热源和绝热装置。

燃烧燃料的非绝热空气压缩储能的特点是需要向系统提供较多额外的燃料，放气时加热从储气装置中流出的空气。

外来热源的压缩空气储能是通过存储外来热源代替燃料燃烧加热从储气装置中流出的空气。目前应用最广泛的外来热源是太阳能热能。

压缩空气储能系统中空气的压缩过程接近绝热过程，产生大量的压缩热，在释能过程中，利用存储的压缩热能加热压缩空气。

5.3.3 压缩空气储能关键技术

压缩空气储能系统的关键技术包括高效压缩机技术、膨胀机（透平）技术、燃烧室技术、储气技术和系统集成与控制技术。

（1）压缩机和膨胀机技术。压缩机和膨胀机是压缩空气储能系统的两个核心部件，它们的性能决定了整个系统的性能。由于压缩空气储能系统的空气压力比燃气轮机高得多，因此，大型压缩空气储能电站的压缩机常采用轴流与离心压缩机组成多级压缩、级间和级后冷却的结构形式；膨胀机常采用多级膨胀加中间再热的结构形式。

（2）燃烧室技术。压缩空气储能系统的高压燃烧室的压力比常规燃气轮机要大。如果燃烧过程中的温度又较高，则可能产生较多的污染物，因而高压燃烧室的温度一般要控制在 500 ℃以下。

（3）储气技术。压缩空气储能系统要求的压缩空气容量大，通常储气于地下盐矿、硬石岩洞或者多孔岩洞，这也成为制约压缩空气储能技术应用的一个因素。

5.4 超导储能

5.4.1 超导储能的基本原理与应用

超导储能装置（Superconducting Magnetic Energy Storage System，SMES）是将能量以电磁能的形式储存在超导线圈中的一种快速、高效的储能装置。与其他储能装置相比，超导储能的储能容量大、能量转换效率高、循环寿命长、响应迅速、对环境无污染、控制方便、使用灵活。

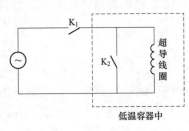

图 5-10　SMES 的基本
原理电路示意图

SMES 的基本原理电路如图 5-10 所示。当开关 K_1 闭合、永久电流开关 K_2 打开时，超导线圈处于充放电状态；当 K_1 打开、K_2 闭合时，超导线圈处于短路状态，由于超导线圈的电阻为 0，电流将在线圈中无衰减地永久流通。

SMES 的整体结构如图 5-11 所示，包括滤波器、变流器（Power Conditioning System，PCS）、超导线圈、制冷装置、失超保护及监控系统等。SMES 单元由一个置于低温环境的超导线圈组成，低温是由包含液氮或者液氦容器的深冷设备提供的。功率变换/调节系统将 SMES 单元与交流电力系统相连接，并且可以根据电力系统的需要对储能线圈进行充放电。通常使用两种功率变换系统将储能线圈与交流电力系统相连：一种是电流源型变流器；另一种是电压源型变流器。超导磁储能的功率特性好，但其能量密度较低，比较适合在提高电能质量等功率型场合的应用。

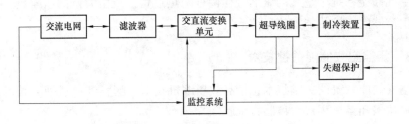

图 5-11　SMES 整体结构示意图

20 世纪 90 年代以来，低温超导储能在提高电能质量方面的功能被高度重视并得到积极开发，美、德、意、韩等也都开展了 MJ 级的 SMES 的研发工作，并有装置投入实际电力系统进行试运行，但低温超导储能装置的低温系统技术难度大、冷却成本高，不利于 SMES 在电力系统的广泛应用；直接冷却超导储能（HTc-SMES）的研究也受到美、日、德、韩、法等国的高度重视，但仍处于起步阶段；高温超导材料技术近年来取得了很大的进展，目前 Bi 系高温超导带材（也称第 I 代带材）已实现商品化，其性能已基本达到了电力应用的要求，为高温超导电力技术应用研究奠定了基础；称为第 II 代高温超导材料的 Y-Ba-Cu-O（简称为 YBCO）涂层导体，也已有百米以上商品化长带，其液氮温区长带临界电流达到 300 A/cm 以上的水平。

在我国，中国科学院电工研究所、清华大学、华中科技大学等单位开展了超导磁储能系统的研究工作。中科院电工所于 1999 年研制成功我国第一台微型 SMES 样机；清华大学也已研制了两台用于改善电能质量的低温超导储能装置；在国家"十五"、"863"计划资助下，华中科技大学联合西北有色金属研究院、等离子体物理研究所、浙江大学等单位于 2005 年研制成功了我国第一套直接冷却 HTc-SMES（35kJ/7kW），全部采用国产高温超导带材。中国电力科学研究院基于第 II 代高温超导体 YBCO 超导线材，率先研究并构造出适于高温区运行、高比容量、高比功率的 kJ 级 SMES 储能单元，对 YBCO 超导线材 SMES 储能单元设计、构造、控制和保护、功率变换器以及 SMES 装置在电力系统的应用等关键科学和技术问题进行了研究和探索。

5.4.2 超导储能系统工作模式

超导储能系统工作模式可以分成充磁模式、放磁模式、维持模式和交换模式。图 5-12 给出了系统的模式转换图。

充磁模式：在超导储能系统启动时，必须先对超导线圈充磁。初始时可将超导线圈能量充到额定储能量后进入能量维持模式进行待命。在储能系统与电网进行功率交换时，若储能量低于最小储能量，则进入充磁模式；若能量充到额定储能量后则进入维持模式进行待命。

维持模式：在系统处于待命状态，不与电网发生功率交换时，储能设备本身会产生一些损耗。为了维持超导线圈的电流为恒定值，需要电网通过 PCS 按涓流充电方式对超导线圈充磁。

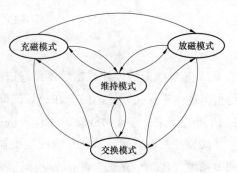

图 5-12 超导储能系统工作模式转换图

放磁模式：该模式分为正常放磁和故障保护两种情况。一种正常放磁情况是在储能系统与电网功率交换时，若超导线圈的储能量超过其最大储能量时进入放磁模式；另一种正常放磁情况是储能系统正常停机时需要先将超导线圈电流释放到 0。故障保护时的放磁模式，是将 PCS 与电网断开，放磁电阻上的固态开关开通，使得电流快速衰减。

交换模式：储能系统储能量处于超导线圈设定的储能量范围内，储能系统与电网发生有功和无功交换。若储能量低于最小储能量，则转换到充磁模式；若高于最大储能量，则转换到放磁模式。

5.4.3 超导储能关键技术

（1）超导线圈。超导线圈的设计，不仅要满足储能密度、中心场强度、漏磁等方面的工程需要，而且要用料少、体积小以降低成本。

1）超导线圈的结构。目前，超导线圈主要有环式和螺线管式两种结构，如图 5-13 所示。环式的超导线圈由多个小线圈按圆心成一条圆形的轨迹排列，这种排列方式具有漏磁很少的特点，适用于中小型的超导储能系统。

螺线管式超导线圈分为平行螺线管式和单螺线管式两种。单螺线管式的线圈磁场在线圈外闭合，漏磁场比较大，适用于对漏磁场要求不高的情况。平行螺线管式是由偶数个平行的单螺线管线圈组成的，单个线圈闭合于外部的磁力线一部分与其他线圈的磁力线方向相反被抵消，一部分进入其他线圈的内部，加强了其他线圈内部磁场，一般比较适用于大型的超导储能系统。

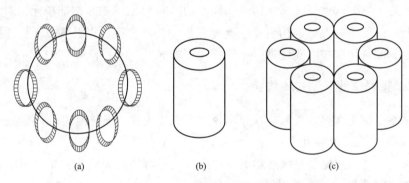

(a)   (b)   (c)

图 5-13　超导线圈的结构
（a）环形；（b）单螺线管形；（c）平行多螺线管形

2）超导线圈的设计。超导体是通过同时处于临界温度、临界磁场、临界电流密度的约束范围内来保持超导态的。在超导线圈优化设计的过程中，首先根据超导材料，以图 5-14 进行约束，进而对线圈的体积等进行优化。

（2）变流器。超导储能系统的变流器，一般通过变压器与电网连接，超导储能功率调节系统（Power Conditioning System，PCS）对储能系统的有功功率和无功功率进行独立控制。从拓扑上看，用于超导储能系统的 PCS 可以分为电压型和电流型。

采用完调到（Pulse Width Modulation，PWM）技术的电流型 PCS 结构如图 5-15 所示，它直接将网侧交流电流整流对超导线圈充电，或是直接将超导线圈中的直流电流逆变注入交流电网，工作于四象限，采用 PWM 控制以降低谐波及实现功率控制。

典型的电压型 PCS 包括一个四象限电压型变流器和一个二象限斩波器，两者间以直流电容联系，如图 5-16 所示。当斩波器的 GTO 导通占空比大于 50% 时，直流电容对超导线圈充电，当 GTO 导通占空比小于 50% 时，超导线圈对直流电容充电，通过调节 GTO 的占空比，就可以调节直流电流和电压，从而可对 PCS 吸收或发生的无功进行初步

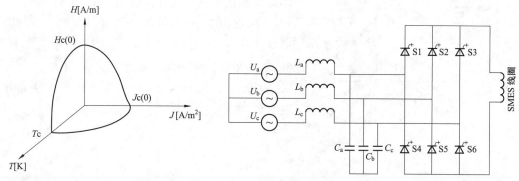

图 5-14　超导体维持超导态的临界条件　　　图 5-15　PWM 电流型 PCS 原理结构图

调节。在 VSC 部分，通过调节电容电压和交流电压相角，可以实现 PCS 与交流电网间的有功和无功流动。

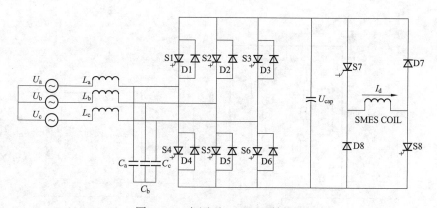

图 5-16　电压型 PCS 原理结构图

（3）失超保护。在运行的过程中，超导体受到扰动而无法在临界条件运行时就会发生失超。失超导致超导体大量发热，温度迅速上升会损坏甚至烧毁超导体和其他设备，还会发生绝缘击穿，烧毁绝缘层。为保证超导储能系统的安全运行，必须采取失超保护措施。

1）失超产生的原因。导致超导体失超的原因可以归纳为以下几类：

a）超导材料制备过程中会产生的各种缺陷，例如长度方向超导材料各部分性质的不一致，同一条超导带材上超导材料临界性能的差异等；

b）多根超导带材组成的大型超导磁体的接头处受工艺水平限制而可能发生的接头处释放的焦耳热；

c）受到外部扰动，例如电流引线、仪器测控引线引入的热扰动，洛伦兹力产生的导线运动，绕组变形，交流损耗，核辐射热和束流辐射等，磁通跳跃；

d）从电网吸收有功导致超导线圈中的电流升高。

2）失超保护电路。根据能量释放的方向，失超保护电路主要分为主动保护和被动保护两种。主动保护将超导体中的能量释放在超导体外，被动保护主要是加速超导体的失

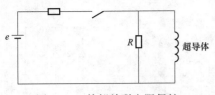

图 5-17　外部并联电阻保护

超, 使能量消耗在超导体内。

主动保护又分为外部并联电阻保护、振荡电路保护和变压器保护 3 种, 其原理分别如图 5-17、图 5-18 和图 5-19 所示。

被动保护分为内部分段并联电阻保护法和并联二极管保护法, 如图 5-20 和图 5-21 所示。

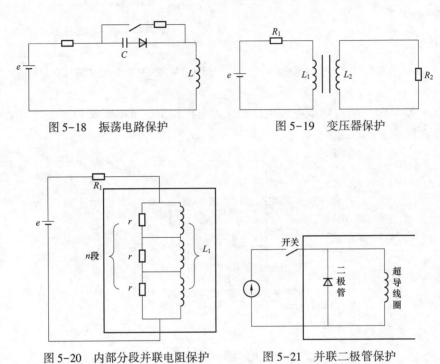

图 5-18　振荡电路保护

图 5-19　变压器保护

图 5-20　内部分段并联电阻保护

图 5-21　并联二极管保护

5.5　超级电容器储能

5.5.1　超级电容器储能的基本原理与应用

超级电容器, 也称电化学电容器, 是一种新型的电化学储能器件。根据电荷存储机理不同, 超级电容器可分为双电层电容器和赝电容器 2 种。

(1) 双电层电容原理。电化学双电层电容器是利用在电极电解液界面处通过电荷物理吸附而产生的双电层电容来储存能量。在外加电场的作用下, 电极电解液界面电荷重新排列, 正离子移向负极、负离子移向正极并吸附在电极表面上, 在电极表面形成紧密的双电层, 如图 5-22 所示。

(2) 赝电容器 (法拉第电容) 原理。赝电容器是利用在电极表面快速且可逆的氧化还原反应中产生的电容来储存能量的, 也称为法拉第电容。这种电容的储能方式不仅仅是单纯的物理储能过程, 而是与蓄电池一样, 产生了法拉第电荷的转移、传递的电化学变化过

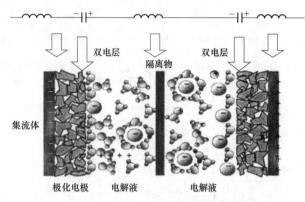

图 5-22　双电层电容器结构图

程，但是其整个充电过程却具有电容特性。赝电容器的容量在电极表面和电极内部均能产生，因此具有更高的能量密度和电容量，通常是双电层电容容量的几十甚至上百倍。

（3）超级电容器的特点。超级电容器作为一种新型的储能元件，与传统的电容器和电池有着明显的区别，其特点如下：

1）具有超大的功率密度（可以达 $0.5 \sim 10 \mathrm{kW \cdot kg^{-1}}$，比普通电池要高数十倍）和较高的能量密度（达到 $1 \sim 10 \mathrm{Wh \cdot kg^{-1}}$，比传统电容器要大 $10 \sim 100$ 倍）；

2）快速充放电；

3）充放电过程通常不会破坏电极材料的结构，使用寿命长，循环寿命在 50 万次以上，是电池的 100 倍；

4）自放电慢，漏电电流小；

5）适用的温度范围宽，可在的 $-40 \sim 85 ℃$ 温度范围内使用；

6）成本低，不存在对环境重金属污染等问题。

5.5.2　超级电容储能的关键技术

超级电容器储能系统包括超级电容器组、均压模块电路、双向 DC/DC 主电路、控制电路等部分结构组成，如图 5-23 所示。

（1）串联均压技术。在系统应用中，超级电容器储能装置往往是多个超级电容器的组合。由于受到超级电容器的容量偏差、漏电流和等效串联阻抗的影响，串联的超级电容器往往会产生均压问题。超级电容器串联均压方法不仅关系到超级电容器组的正常工作，还会影响到整个储能系统的能效。

超级电容器充放电过程中端电压不平衡的影响因素包括：

1）超级电容器的容量偏差。超级电容器在制造过程中工艺、材料等因素存在差异，每个单体电容的实际容量并不一样，目前各个商业化的超级电容器容量允许偏差率为 $-10\% \sim 30\%$。当超级电容器串联起来时，充电过程中容量小的电容电压会首先达到额定电压，而容量大的电容端电压只达到额定值的一部分，从而会影响整个超级电容器组的储能效率和使用寿命。

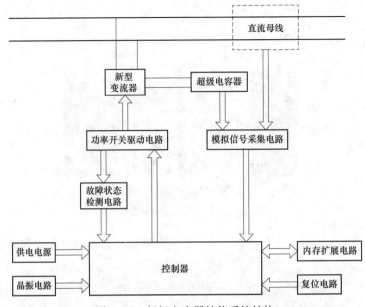

图 5-23　超级电容器储能系统结构

2）超级电容器的漏电流。静置状态下的超级电容器会产生漏电流，漏电流的大小直接影响了超级电容器保持电荷（电压）的能力，影响其充放电效率。漏电流大的电容损耗较大，保持电压小；漏电流小的电容则相反。在相同的放电过程中，端电压小的超级电容器首先放电完全；在充电过程中，端电压大的超级电容器首先达到额定电压。

3）超级电容器的等效串联阻抗 R_{ES}。每个单体电容的阻值是不完全相同的，等效串联阻抗大的会先达到充放电电压的限制值，而且电容阻值会随着反复充电次数的增多而变大，因此在充放电过程中不能忽略等效串联阻抗 R_{ES} 的影响作用。

综合上述因素，在超级电容器储能系统中，需要采取均压措施保证超级电容器组中各个单体电压一致。常用的均压方法有能量消耗型均压方法和能量反馈型均压方法两大类。其中能量消耗型均压方法又有稳压管均压法和开关电阻均压法两种，能量反馈型均压方法有 DC/DC 变换器均压法、多输出变压器均压法和飞渡电容均压法 3 种，具体介绍如下。

1）能量消耗型均压方法。

a）稳压管均压法。稳压管均压法是利用稳压二极管反向击穿时的电压钳制特性来实现电容器均压的。如图 5-24 所示，在单体超级电容器的两端反并联稳压二极管，当某个电容器两端电压达到额定电压值后，稳压二极管反向击穿把电容电压钳制在额定值，充电电流全部流过稳压二极管，以热能的形式消耗在稳压管中。

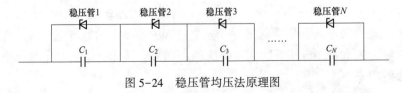

图 5-24　稳压管均压法原理图

b）开关电阻均压法。开关电阻均压法的原理如图 5-25 所示。它是通过将电阻和开关管串联支路并联在单体超级电容器两端来实现均压的。当电容器端电压即将到达额定电压值时，开关管闭合，分流电路开始工作，流过电容的电流减小，电容电压上升趋于缓慢，最终均衡各个电容器的端电压。

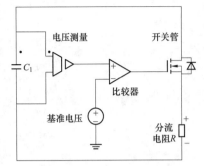

图 5-25 开关电阻均压法

2）能量反馈型均压方法。

a）DC/DC 变换器均压法。DC/DC 变换器均压法是将电压较高的单体电容能量通过 DC/DC 电路转移到电压较低的电容上，逐步使各个单体电容电压趋于平衡，如图 5-26 所示。DC/DC 变换器法的本质是一种转移能量的方法，既能实现能量互补，又减小了能量损耗。

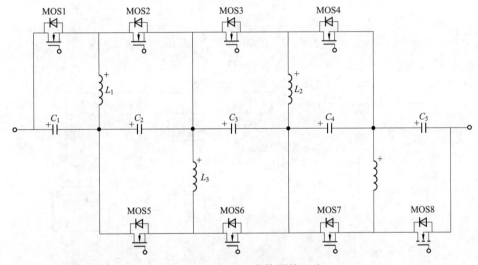

图 5-26 DC/DC 变换器均压法

b）多输出变压器均压法。如图 5-27 所示，多输出变压器均压法中，超级电容器组两端通过一个降压电路输入到变压器原边，各单体电容均连接至多输出变压器的副边，整个电路通过变压器绕组把能量转移到低于平均电压的单体电容中，进而实现电容电压均衡。

c）飞渡电容均压电路。飞渡电容均压方法的原理图见图 5-28。该方法是首先利用微机控制单元确定电压最高的单体电容 C_{max} 和电压最低的单体电容 C_{min}，在第一个开关周期中，将电压最高的单体电容与飞渡电容 C 形成回路，C_{max} 向 C 充电；在下一个开关周期中，电压最低的单体电容 C_{min} 与飞渡电容 C 形成回路，C 向 C_{min} 充电。如此往复，最终实现超级电容组的各个单体电容电压的均衡。

（2）双向 DC/DC 变换器技术。为满足负载的电压要求，需要配置一个双向功率变换器来保证超级电容器组的输出电压相对恒定。双向 DC/DC 变换器有两种工作模式：

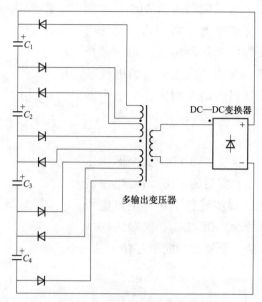

图 5-27　多输出变压器均压法

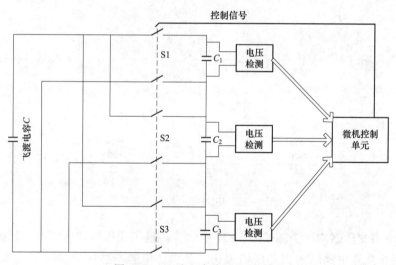

图 5-28　飞渡电容均压法原理图

正向工作模式，即能量从电源向超级电容器组传输能量；反向工作模式，即能量从超级电容器组向电源反馈。在两种工作模式下，电源和超级电容器组的两端电压极性不变，变化的只是电流的极性。

　　双向 DC/DC 变换器有隔离型和非隔离型两种类型，通常情况下非隔离型双向 DC/DC 变换器就可满足超级电容器储能系统的需要。

　　目前较典型的非隔离型双向 DC/DC 变换器有双向 Buck/Boost、双向半桥、双向 Cuk 以及双向 Sepic 变换器。

第二篇

电网分析与控制新技术

电网分析控制基础性技术

6.1 分布式计算机系统体系结构

从硬件平台看，集中式的主备机模式逐渐向分布式的多机系统结构发展；从软件平台看，自上而下设计的基于过程的软件运行模式向基于统一数据源、基于中间件和智能代理的功能分布式软件结构发展。计算机是实现电网控制中心调度自动化系统的物理载体。几十年来，计算机软硬件技术不断更新换代，其每一次发展和进步都成为调度自动化系统发展的有力助推器。

表 6-1   计算机软硬件技术发展历程

硬件		专用机→通用小型机→通用 RISC 计算机→跨平台计算机→集群计算机
软件	操作系统	专用操作系统→VMS→UNIX→NT→跨平台操作系统
	数据库	数据文件→专用数据库→商用数据库→满足海量动态数据快速存取的混合数据库
	编程工具	汇编→FORTRAN→C→C++→面向对象→面向服务→智能多代理

电网调度自动化系统的普及得益于计算机软硬件技术的发展。以上计算机软硬件技术的发展，使得电网调度自动化系统的功能更强大，系统价格更低廉，使用更方便。未来智能电网控制中心需要对电网进行三维协调的预警、预防、预控，需要实现多目标的分析计算，包括大规模的暂态稳定在线计算、求解大规模的微分代数方程组，传统小型机为主的主备机模式将不再适用，计算机体系结构将朝着基于集群计算机的分布式计算模式发展。

在未来几十年内，高性能计算技术仍将不断发展，从目前的发展来看，"云计算"和"量子计算"是最有可能取得突破的技术点。

以"云计算"为代表的透明、弹性化的广域分布式计算体系正成为研究热点。云计算是分布式处理、并行处理和网格计算的发展，或者说是这些计算机科学概念的商业实现。云计算的基本原理是，使计算分布在大量的分布式计算机上，而非本地计算机或远程服务器中，企业数据中心的运行将与互联网相似。这使得企业能够将资源切换到需要的应用上，根据需求访问计算机和存储系统。目前国内外的各级调度机构的调度支持系统单独建设，缺乏上下级调度支持系统的统一协调管理，调度中心内各类应用集成不规范。因此需要研究采用"云"理念和面向服务技术构建智能调度一体化技术支撑平台的方法，开发并构建调度系统专有的云服务；开发系统管理服务和公用服务，实现省级以上调度机构电网模型、实时数据、实时画面、基本应用功能的全系统共享；研究并行计算、分布式计算资源的统一协调和共享技术，研究分布式计算平台的数据传输、通信控制、任务调度、资源监视、负载均衡等技术，实现动态预警、节能调度等应用的并行计算；研究和开发适用于电力实时监控、调度计划和调度管理等各类应用需求的一体化支撑平台，为智能电网提供高效、可靠的技术支撑。

另一个广受重视的技术是"量子计算"。量子计算的概念最早由 IBM 的科学家 R. Landauer 及 C. Bennett 于 70 年代提出。他们主要探讨的是计算过程中诸如自由能、信息与可逆性之间的关系。80 年代初期，阿岗国家实验室的 P. Benioff 首先提出二能阶的量子系统可以用来仿真数字计算；稍后 Feyn man Richard Philips 也对这个问题产生兴趣而着手研究，并在 1981 年勾勒出以量子现象实现计算的愿景。经典计算机和量子计算机最本质的差异来自对物理系统状态的描述，对于经典计算机来说，对一个字节的数据进行一步步的处理，每一个步骤都表示机器的一个明确的状态，上一个步骤的输出作为下一个步骤的输入，前后相续，整个计算任务是在一条线上进行的；而对于量子计算机来说，系统的不同状态之间的变换，可以并列存在多个途径，使得系统可以在多条路径上并行处理多个计算，这就使得计算机的计算能力获得了指数性增强，从而开辟了计算机的崭新未来。1994 年 Peter Shor 提出量子质因子分解算法，相对于传统电子计算，利用量子计算可以在更短的时间内将一个很大的整数分解成质因子的乘积。这个结论开启了量子计算的新阶段。如果量子计算机及相关技术在未来若干年内取得突破，将在电力系统高性能计算领域引起翻天覆地的变化，目前需要大规模并行计算机求解较长时间的电力系统暂态稳定预警等问题，将可以在更短时间内完成，超实时仿真有望在线实现，这将可能引发整个大电网调度运行机制发生较大变化。计算能力的显著增强，将使目前难以有效求解的一系列大规模数值计算问题有望取得突破，比如考虑大规模暂态稳定约束的最优潮流问题，从而进一步提高电网安全、优质和经济运行水平。

6.2 数据平台支持

SCADA 是电网调度自动化系统的基础，负责采集和处理电力系统运行中的各种实时和非实时数据，是电网调度中心各种应用软件主要的数据来源。SCADA 包括实时数据采集、数据通信、SCADA 支撑平台、前置子系统、后台子系统等。

基于 RTU 的 SCADA 体系形成和建立的时期比较早，也是目前电力系统体系最为完整、测量点覆盖最广的基础数据采集和监控体系。而随着计算机和通信技术的发展，PMU 也逐步得到了广泛的应用，它以高精度时钟同步以及高密度数据采集为核心特征，丰富和完善了现有 SCADA 的不足。

同步相量测量单元（Phasor Measurement Unit，PMU）是以同步时钟为基准，高速通信为通道，采集、测量和发送发电厂和变电站电压、电流幅值和相角、发电机功角等电气量的一种装置。基于 PMU 的广域测量系统（Wide Area Measurement System，WAMS），是以同步相量测量技术为基础，以电力系统动态监测、分析和控制为目标的实时监控系统。

未来发展方向：

（1）RTU 采集数据带时标，逐步实现与 PMU 采集数据的融合。随着 RTU 数据采集的同步性提高，实时性大幅度提高，不同的测控装置数据采集的同步性可达到 20ms 以上，RTU 中的模拟量采集和传输频率可以发展到次/200ms，测量数据都在测控装置侧打上时标。RTU 技术的发展为 RTU 数据和 PMU 数据的融合打下基础。

（2）RTU、PMU 和在线状态监测数据融合形成广义 SCADA。广义 SCADA 不仅集成了 RTU 和 PMU 的测量数据，还将在线状态监测技术广泛应用于设备的健康诊断、寿命估计、检修计划和线路运行工况的监测，在线状态监测数据传输到调度中心并存储到 SCADA 中。基于在线监测数据，可以在线修正线路的热稳定极限、设备的健康状态、故障率预测等，并以此实现在线运行风险评估与调度计划优化决策。

（3）由于调度中心信息的先天不足，通过调度中心状态估计模型和算法的改进，已无法从根本上解决调度中心基础数据的准确性问题。而且，海量信息上送调度中心，分析处理压力太大。而变电站具有实时信息快速采集、数据源高度冗余、决策命令快速执行等先天优势，要充分挖掘变电站内的计算、存储、通信、人工等各类资源，以实现在变电站内实现模型自组、状态估计，而在调度中心只需进行各站模型的拼接和整合工作，从而大大减轻调度中心的负担，减轻维护工作量。将传统的"调度中心集中式分析决策"模式变革为一种全新的"变电站——调度中心两级分布式分析决策"模式，实质性地推动智能变电站的发展。

6.3 PMU/WAMS 的应用

PMU 的引入，为快速感知物理电网变化提供了非常好的工具，给 EMS 的发展带来了新机遇。反映物理系统动态响应的 PMU 数据和基于数字仿真的实时网络分析相结合，可能对电网控制产生革命性变化。PMU 是高性能的眼耳，可以调动快速动作的手脚，不受距离限制。传统的 EMS（C-EMS）为 RTU 时代建立了具有实用功能的大脑，这个大脑在空间、时间、目标三个维度上进一步扩展，形成了新一代 EMS（N-EMS）。但是，PMU 不是大脑，WAMS 是 PMU 数据的处理单元，也基本不具备大脑的功能，所以需要为 PMU 时代的到来设计大脑，可将其称之为瞬态管理系统（Transient Management System，TMS）。TMS 将是 N-EMS 的进一步扩展，利用 PMU 能够快速感知，并且能够感知细节的能力，发展能充分运用这种新技术手段的大脑，这个大脑是基于全局电网的广域动态分析决策的，能够指导广域动态安全稳定控制。

PMU 从推广使用到普及是一个长期的过程，最终目标是在全 PMU 数据下进行快速线性状态估计（几十毫秒级），实现小于秒级的快速安全稳定分析和决策。基于 PMU 数据的快速状态估计研究应该包含两方面的问题：一方面，在过渡期间内如何综合 PMU 数据和 RTU 数据，提高状态估计的精度和鲁棒性；另一方面，全部采用 PMU 后，研究新的状态估计模型和算法，如动态状态估计模型和算法，为基于 PMU 的电网评估、决策与控制提供数据基础。

在 PMU 广泛布置的前提下，有望在以下方面取得突破：

（1）电网元件稳态模型和动态模型的在线辨识。PMU 量测反映了电网动态特性，利用 PMU 数据可以对电网动态过程的仿真计算结果进行校核。国际上在 20 世纪 60、70 年代采用计算机计算来代替手工计算，这个时期提出的发电机组、线路、变压器模型是通过理论推导，并且与实际装置进行过对照的。也就是说，模型是经过验证的。现在，电力系统的规划设计和运行控制都已把计算机仿真计算结果作为依据。但是，计算机仿真计算的准确度如何，不同的参数和模型对结果的影响有多大却知之甚少。引入 PMU 数据，为我们在线辨识模型参数提供了可能，例如，研究 PMU 和数值仿真结合的混合仿真算法和模式是验证模型参数准确性的有效手段。

（2）等值模型辨识。现代电网规模庞大，进行在线的广域控制时，若采用详细的全网模型，将存在计算量大、模型不可靠、鲁棒性低等问题。因此，采用浓缩的在线等值模型进行电网状态辨识和控制，这是 PMU 应用的一个重要的研究方向。对于没有安装 PMU 量测的部分电网来说，其电网动态行为在安装 PMU 量测的边界上可以反映出来。通过边界电网状态连续过程变化可以估计出电网内部等值模型。

引入 PMU 数据提高了电网监视的实时性。在电网状态预测上可以做超实时仿真计算，在电网发生扰动后马上预测电网发展趋势，通过可视化方法让调度员明确了解电网可能发生的问题，通过模拟操作验证操作的合理性。

（3）广域安全稳定控制。PMU 的广泛应用为电网动态情况下的广域安全稳定控制策略计算提供了可能。电网出现紧急状态时，该过程发展变化很快，目前来看，根据计算结果直接进行紧急控制决策是困难的。比较实用的方法是将在线计算决策表下发给厂站的控制装置，在电网出现紧急状态时，根据决策表快速启动安全稳定控制装置。安全稳定控制器的动作是基于逻辑的，而决策表的在线生成是基于电网数值仿真的，决策表是在线跟踪电网变化自动刷新的。

而基于 PMU 直接进行广域安全稳定控制依赖于通信的高可靠性、计算能力的显著提高以及相关理论方法的重大突破。

6.4 面向智能电网的电力通信技术

建立一张深入千家万户、高速、集成、可靠的双向通信网络是实现智能电网的基础。智能电网通过连续不断地自我监测和校正，应用先进的通信和信息技术，实现其最重要的特征——自愈。高速双向通信系统使得各种不同的智能电子设备、智能表计、控制中心、电力电子控制器、保护系统以及用户进行网络化的通信，提高对电网的驾驭能力和优质服务的水平。

智能电网中通信系统主体架构包括两个部分。一部分是智能输电通信网或高电压等级电力通信，覆盖智能电网的调度控制中心、管理平台和发电输电网络的通信系统，实现全自动控制过程,强调高可靠性、高带宽及传输路由的相对可控,管理层面简单,无人为干预。主要变电站形成多路由多方向互联,保证 N−M 下的通信要求,用网络的健壮性来满足系统的高可靠性。另一部分是智能配电通信网,含配网和用户侧通信,主要是高、中、低压配电网,包括用户电表和电器等的通信系统。

未来发展重点包括:

(1)研究建设适应电力系统技术发展要求的智能电网电力通信网络,实现光纤通信、无线通信、数据网络、卫星通信、电力线通信等多种通信技术的合理应用,为智能电网的各个智能化业务(如广域保护业务、分布式能源系统业务)提供通信支撑。包括:研究智能电网业务分类及各类业务对电力通信网络接口、性能、通道组织方式的需求;研究智能电网业务模型;建设大容量、高速实时、具有自协调能力、具有业务感知能力的下一代光传输网和数据通信网。

(2)根据智能电网对全网统一的时间同步网络的业务需求,深入研究高精度时间同步技术,实施计划同步网络的资源优化配置和同步链路的合理组织,研究时间同步网络的组网技术,提出智能电网时间和频率同步系统体系架构及解决方案;研究智能电网时间统一系统的关键技术,研发适合智能电网应用特点的广域时间统一系统及其网管系统,为智能电网提供可靠的、高精度的统一的时间和频率同步信号;建立智能电网时间统一系统,测试其对智能电网各种业务的时间同步的性能和保障能力;制定智能电网统一的时间同步系统的技术规范。

(3)利用电力通信低压高速电力线载波通信技术和无线通信技术建立配电网、用电网、分布式能源的通信网络,满足坚强智能电网接入灵活、即插即用、经济高效和安全可靠的通信接入要求。

(4)进一步提高通信网络可靠性;扩大网络覆盖,增加带宽,满足不断发展的大电网智能通信需求;进一步提高通信网络智能化管理水平。

另外,有两方面的技术需要关注,其一就是开放的通信架构,它形成一个“即插即用”的环境,使电网元件之间能够进行网络化的通信;其二是统一的技术标准,它能使所有的传感器、智能电子设备(IEDs)以及应用系统之间实现无缝通信,实现设备和设备之间、设备和系统之间、系统和系统之间的互操作功能。

6.5 人机交互及可视化技术

未来状态测量结果和广域地理信息系统(GIS)将实现控制中心可视化,即电压稳定裕度、全局频率和频率变化等指标可在广域 GIS 地图中实时显示出来,从而更好地帮助调度员发现潜在系统问题。利用地理信息进行可视化表达,和卫星云图相结合,可以实现和环境天气信息的融合,表达更全面,更直观。未来电网控制中心实现电网智能辅助决策,地理信息是电网状态判断重要信息,特别是雷电系统引入后,需要和地理信息相结合,通过电网故障分析确定故障位置和故障性质,并通过三维方式展现设备状态。

三维可视化与虚拟现实技术的基础理论和方法已比较成熟,需要研究的是如何在电力系统应用的问题。而对于时空可视化方面，一方面缺乏有效的描述模型，另一方面，在增加时间维之后，信息量急剧增加，现有计算机技术难以进行处理与管理，因此时空可视化方面的研究尚有待深入。时空可视化的实现需要从根本上改变现有地理信息系统的理论体系。

视频技术实现了电网远程直观的监视，未来通信技术的发展，完全可能实现调度中心对电网全视频监控，这将会改变目前的调度管理模式和监控模式。为有效利用视频技术，需要提出电网调度对视频技术的需求，从而确定视频技术在电力调度领域的发展方向。目前以视频技术、通信技术和计算机技术为核心的变电站遥视系统在很多地方得到实际应用，但如何将远方的视频信号传入调度中心，如何对遥视功能进行拓展，规模较大的调度中心如何处理大容量的视频信号等，仍有待进一步研究。

7

电网仿真技术

7.1 先进的计算技术

7.1.1 计算机及网络技术

计算机的发展日新月异，超高速计算机采用平行处理技术，计算能力不断提高，同时使计算机具备了更多的智能成分，在一定程度上已具有多种感知、思考、判定能力及一定的自然语言能力。计算机网络已发展为以 Internet 为代表的互联网，综合利用光纤、卫星、微波等多种先进通信技术，带宽不断提高，网络管理进一步自动化和智能化的网络。

未来的计算机和网络的发展趋势将是通信技术、网络与计算机技术的进一步融合，朝着超高速、超小型、高性能、平行处理和智能化方向发展。发展高性能计算技术有两条途径，一条是通过多核、多机并行计算或分布式计算技术来实现；另一条途径是发展非传统的新技术，包括超导计算、光计算、量子计算、生物计算与纳米计算等。

新型计算机从体系结构到器件与技术都要产生一次量的，乃至质的飞跃，包括生物计算机、光学计算机、量子计算机、纳米计算机、碳纳米管计算机、超导计算机等。

生物计算机要比当前最新一代计算机快十万倍，能量消耗仅相当于普通计算机的十亿分之一，可直接接受大脑的综合指挥，并能由人体细胞吸收营养补充能量，是生命科学与计算科学的结合，具有美好的前途，但离实用化相当遥远。

光学计算机比目前最快的计算机快 1000 倍，目前尚没有一家商业公司从事光学计算机的基础研究和产业化工作。

量子计算机是根据量子力学规律来实现信息处理的新概念计算机，其运算速度比现有的奔腾处理器快 10 亿倍，其使用需要全新的算法支持。世界上第一台量子计算机于 2000 年研制成功，但至少还需要 20 年才能进入实用。

纳米计算机不属于单独的一种类型，而是致力于将量子计算、生物计算、光学计算这些技术微缩到最小限度。

碳纳米管计算机采用碳纳米管替代硅材料制造芯片并用于计算机中，可以较传统的硅芯片获得更快的运算速度，且其体积更小，功耗更低。2009 年斯坦福大学成功研制出碳纳米管集成电路。

超导计算机利用超导器件代替硅晶体管器件，可提供百倍于现有电子计算机的高性能。该项技术受限于低温超导技术的发展。

7.1.2　相关计算数学

与电网仿真分析相关的计算数学领域既有传统的数值计算方法，也包括新兴的人工智能、模糊数学和概率类等方法。

电力系统仿真分析的数值计算主要涉及线性和非线性方程组求解、数值积分、特征方程求解、非线性规划等多个数学领域，分别用于解决潮流计算、暂态稳定计算、小干扰计算等各种计算问题。其中，线性方程组求解最常用的是三角分解法，非线性方程组的求解最常用的是迭代法，特别是牛顿-拉夫逊方法。此外，也可将非线性方程求解转化为非线性规划问题，使用由数学规划方法衍生而来的各种算法求解。数值积分方法包括显式数值积分算法和隐式数值积分算法。其中，显式积分算法有欧拉法、改进欧拉法和龙格-库塔法等；隐式数值积分算法主要是隐式梯形积分法，该方法具有良好的数值稳定性，并可采用较大的积分步长，因此目前应用较为广泛。特征值的求法主要包括QR 法和全维特征值分析法，QR 法在应用上受系统规模限制；全维特征值分析法包括逆迭代法、Rayleigh 商迭代法、同时迭代法、Arnoldi 法等，可只求出所关心的特征值，应用较为广泛。

人工智能（Artificial Intelligence，AI），是研究、开发用于模拟、延伸和扩展人类智能的理论、方法、技术及应用系统的一门新的技术科学。目前在电网仿真分析中已有部分应用，主要涉及系统设计运行的优化、运行状态分析、设备设计、开具操作票等方面。

概率类算法是一类考虑了输入信息随机性的计算分析方法，主要包括蒙特卡罗算法、拉斯维加斯算法和舍伍德算法以及它们的衍生方法。这些算法适用于不同的方面，通过与电力系统的常规计算相结合，开辟了许多新的领域，例如概率潮流研究和电网可靠性分析等。

模糊数学主要用于研究和处理模糊现象，其所研究的事物的概念本身是模糊的，即一个对象是否符合某个概念是难以确定的。在模糊数学中，使用在 [0，1] 上取值的隶属函数来描述这种模糊性。模糊数学在聚类分析、图像识别、自动控制、故障诊断等方面得到了广泛应用。自20 世纪90 年代以来，众多专家学者将其引入到了电力系统规划、运行等诸多领域。

数值计算方法未来的发展主要集中在提高算法效率、计算结果精度和非线性方程求解的收敛性等方面。人工智能方法将与仿真环境结合得更为紧密，从而提高仿真自动化程度和仿真精度。

概率类算法在仿真计算领域的进一步发展，主要是增强与现有数值仿真计算方法相结合的各种衍生算法的实用性，降低对参数的要求，提高计算结果的质量，以及对计算结果的进一步分析应用。

模糊数学将与人工智能技术的各分支进一步结合，求解用经典数值计算方法难以求解的问题，并进一步实用化。

7.1.3　云计算

云计算是继 20 世纪 80 年代大型计算机到"客户端-服务器"大转变之后的又一种巨变，是分布式计算、冰雪计算、效用计算、网络存储、虚拟化、负载均衡等传统计算机和网络技术发展融合的产物。它将广义上的计算资源（硬件设备、软件平台、应用系统）进行物理集中或逻辑集中，形成统一的资源池，使用者在不关心资源具体形态的情况下按需使用，保证资源的利用率最大化，同时使整个 IT 架构变得更加柔性。

云计算作为一种新兴的商业计算模型，具有规模可伸缩、可靠性高、可用性强、资源利用效率高、可计量、成本低廉等特点。云计算能有如此多的优点，与其所使用的一系列先进计算机技术和网络技术密不可分。其所涉及的关键技术包括虚拟化、分布式数据存储和管理、并行计算、安全与隐私保护等。

1. 虚拟化技术

虚拟化是指资源的抽象化、资源的逻辑表述、不受物理限制的约束。具体可分为服务器虚拟化、存储虚拟化、网络虚拟化等。虚拟化是资源池化的基础，能够有效提高资源管理水平。

目前普遍使用的虚拟机技术有威睿基础架构（VMware Infrastructure，VI）、开放源代码虚拟机监视器（Xen hypervisor，Xen）和基于内核的虚拟机（Kernel-based Vitual Machine，KVM）。VMware 开发设计的威睿基础架构，作为一个虚拟数据中心操作系统，可以将离散的硬件资源统一起来创建共享动态平台，同时实现营业程序的内置可用性、安全性和可扩展性。Xen 是由 XenSource 所管理的一个开源通用公共许可证（General Public License，GPL）项目。Xen 能创造大量的虚拟机，每个虚拟机都是运行在同一个操作系统上的实例。KVM 是基于 Linux 内核的虚拟机，是以色列某开源组织提出的一种新虚拟机实现方案，也称内核虚拟机。

2. 并行计算

并行计算是在串行计算的基础上演变而来的，是指同时使用多种计算资源解决计算问题的过程，它是实现高性能、高可用性计算机系统的主要途径。当前流行的并行编程模型有 MapReduce 和 Dryad。

MapReduce 是 Google 提出的一种应对海量数据处理的并行编程模型，适用于大规模数据集的并行计算。它把对数据集的大规模操作分发给一个主节点管理下的各分节点共同完成，一方面对数据集进行了划分，另一方面通过各节点执行任务的不同实现任务的划分，最终达到可靠执行大规模数据集计算任务的目的。Dryad 采用基于有向无环图的并行模型。每个任务或并行计算过程都可以表示为一个有向无环图，图中的每个节点表示一个需要执行的子任务，节点之间的边表示子任务之间的通信。

3. 分布式技术

针对海量的结构化、非结构化数据，采用分布式技术来解决数据的存储问题，保证数据存储的可靠性、可用性和经济性。云计算系统需要对大数据集进行处理、分析，并向用户提供高效的服务，因此数据管理系统必须能高效管理大数据集。

Google 的 GFS Google 文件系统（Google File System，GFS）和 Hadoop 的 Hadoop 分布式文件系统（Hadoop Distributed File System，HDFS）是目前最具代表性的分布式数据存储技术，其中 HDFS 是 GFS 的开源实现。

4. 云计算安全

目前，部分学者已提出了某些云计算环境下的数据安全与隐私保护技术。不少云计算服务提供商，如 Amazon、IBM、Microsoft 等，也纷纷提出并部署了相应的云计算安全解决方案。主要通过采用身份认证、安全审查、数据加密、系统冗余等技术及管理手段来提高云计算业务平台的可靠性、服务连续性和用户数据的安全性。然而云计算安全问题的研究仍处于初级阶段，许多问题还有待探索。

在电力系统在线和实时仿真领域，并行计算也已得到较为广泛的应用。目前，在电力系统实时仿真领域，一般采用分网并行计算技术，而在电力系统在线仿真领域，则大多采用任务并行计算技术。分布式计算在电力系统仿真计算领域已有较多应用。云计算是未来仿真计算中心和数据中心的基础架构和重要技术支撑，正在快速发展。

国外主流云厂商包括 Google、Amazon、IBM、Microsoft、VMware 等在内的知名企业，都将云计算作为重要的发展方向。Google 于 2007 年在全球宣布了云计划，Amazon 于 2006 年推出了云计算服务，IBM 于 2007 年推出了"蓝云"计算平台，Microsoft 于 2010 年公布了 Windows Azure 云计算平台的蓝图。

当前中国的云计算的发展正进入成长期。目前云计算技术总体趋势向开放、互通、融合、安全方向发展，云计算将向公共计算网发展，对大规模的协同计算技术提出新的要求，虚拟机的互操作和资源的统一调度需要更加开放的标准。云标准将较快发展并成熟。预计到 2020 年，云计算技术在电力系统仿真分析领域将得到广泛应用。

7.2　电力系统建模

7.2.1　电力系统建模方法

目前，电力系统建模方法研究以机理分析法为主，结合统计学、运筹学及人工智能等理论，又发展了数据分析法、层次分析法、智能建模法等方法。

机理分析法是从基本物理定律及系统的结构数据来推导模型，包括比例分析法、代数方法、逻辑方法、构建常微分/偏微分方程等。构建常微分/偏微分方程是现阶段电力系统仿真建模的主导方法。数据分析法是利用统计学方法，以观测数据为基础，建立相应的数学模型，主要用于建立电力系统可靠性分析模型及功率预测模型等。层次分析法是将与决策关联度高的元素分解成目标、准则、方案等层次，并进行定性和定量分析的决策方法，主要用于负荷预测建模、客户信用度评价、城市电网规划、电力需求管理等。近年来，随着人工智能技术的发展，智能建模方法如专家系统法、神经网络系统法、模糊辨识法以及基于遗传算法的非线性系统辨识法等，在电力系统建模，特别是同步机建模、负荷建模、电网规划建模以及故障模拟、系统控制等方面获得了越来越广泛的应用。

除上述方法外，电力系统建模还存在着一些常规或非常规的方法，如因子实验法、行为目标法等。各种方法都是对系统的某些特性进行模拟，对于研究电力系统的某些方面具有一定的适应性。

电力系统模型参数对系统仿真结果有着重要的影响，目前，对于模型参数的获取，主要采用取典型值和实际测量两种方法，此外，还可以通过对实际系统运行情况的模拟来获得。

广域测量系统（Wide Area Measurement System，WAMS）的发展，为电力系统建模提供了一种有效的模型检测和参数获取手段。基于 WAMS 动态监测数据，校验系统模型及参数、研究模型参数灵敏度机理及进行仿真误差溯源，是 WAMS 在电力系统建模中的主要应用。

电力系统建模方法未来发展趋势体现在以下两点：

（1）基于 WAMS 数据进行模型修正将成为建模的重要手段。WAMS 电网事故分析的管理制度逐步形成并完善，从而使仿真计算模型的校核与修正工作制度化。另外，通过分析 WAMS 的测量信息，构建 WAMS 信息的数据仓库并进行数据挖掘，建立全国范围内的 WAMS 互联系统，实现 WAMS 数据资源共享，从而提高电力系统建模的精确性和便利性。

（2）人工智能建模弥补了传统方法单纯依靠数学分析求解的不足，在模型的精确性和适应性上都会有极大的提升。人工智能技术或将取代传统的建模方法，成为电力系统建模的主导方法。

7.2.2 电力系统模型

1. 发电系统模型

同步发电机模型是在派克方程的基础上加入限定条件而形成的具有不同精度的模型；励磁系统、调速系统、电力系统稳定器等模型利用机理分析法得到。当前通用的同步机模型约有 6 种，励磁调节器模型约有十余种，调速器模型约有 7 种，PSS 模型约有 5 种。此外，针对自动发电控制（Automatic Generation Control，AGC）与自动电压控制（Automatic Voltage Control，AVC）机理及模型的研究也是近年来的热点。

2. 输配电系统模型

交流输配电系统模型以等效电路为基础，根据仿真要求的不同进行相应处理。直流输电系统模型是在对其原理和结构研究的基础上，经过一定简化处理的数学模型。其控制方式是建模的关键环节，主要采用定电流、定电压、定功率及定关断角等方式，调节器模型多根据传统控制理论，利用 PID 控制实现。

3. 受电系统模型

现有负荷模型包括静态模型和动态模型。静态模型主要有 ZIP、多项式和幂指数模型；动态负荷模型主要有机理式和非机理式模型。另外，在采用 ZIP 模型和电动机模型相结合的负荷模型基础上提出了综合负荷模型概念。负荷建模的方法主要有统计综合法和总体测辨法两种。

4. FACTS 元件模型

目前，一些大的商用软件如 Matlab、PSASP、PSD 等都具备了一些典型 FACTS 元件的模型库。FACTS 模型主要包括三类：①串联型灵活交流输电设备，如可控串联补偿电容器、静止串联同步电压补偿装置等；②并联型灵活交流输电装置，如静止无功补偿装置、静止同步补偿装置、可控高抗等；③串并联混合型灵活交流输电装置，如统一潮流控制器等。FACTS 元件的建模主要以机理分析法为主。

5. 综合自动化系统模型

保护和控制系统建模研究主要集中在调度员培训仿真系统和连锁故障两个方面。调度员培训仿真系统的体系结构正向与 EMS 接口采用"即插即用"方式的跨平台系统发展，其对于继电保护的仿真主要有教案准备法、逻辑判别法、定值判别法和逻辑定值协调法等，对于自动控制装置的仿真，采用模型拼装和决策表比较，以动态仿真电源控制系统模型；在连锁故障方面，主要采用复杂系统理论、模式搜索法进行模拟和研究。

6. 核电系统模型

目前核电仿真系统包括法国的工程仿真机、德国的仿真分析系统、美国西屋公司的工程仿真机、日本的全范围核动力船工程仿真机、加拿大的智能化核电厂在线故障诊断系统以及我国的核电厂原理性培训仿真机、核电厂全范围仿真分析机等。

7. 新能源发电系统模型

风力和光伏发电的建模研究开展得较为广泛，尤其是风力发电系统，在风电场、风机、风速等模型上都有一定的研究成果，在一些商用软件中已有成熟的模型应用。光伏发电是近年来新能源发电研究的重点方向，国内外有很多文章对光伏发电建模进行了描述，所建立的模型具有一定的实用性。其他如生物质能、海洋能、地热能等新能源发电的建模研究，也越来越受到人们的关注。

8. 储能系统模型

储能系统主要由储能装置和能量转换装置构成，其建模主要集中在能量转换装置及其控制方面。根据各储能系统动态响应的特点，各系统的模型也从不同的方面反映系统特性。例如超级电容器储能多从电磁暂态方面建立系统模型，抽水蓄能多从稳态分析方面建立系统模型，蓄电池储能因在调频、调峰方面都发挥作用，其模型也涵盖了电磁暂态、机电暂态以及中长期暂态等方面。

9. 电力系统等值模型

目前的网络等值算法大体分为拓扑法和非拓扑法两类。拓扑法分为静态等值法和动态等值法两种，其中静态等值法主要包括 WARD 等值法、REI 等值法以及由其演化的多种方法；动态等值法包括同调等值法、模式等值法和基于量测量的参数估计等值法。非拓扑法又称识别法，如未化简负荷潮流模型法。另外，对于在线应用中边界节点的等值注入，还可结合人工神经网络（Artificial Neural Network，ANN）和遗传算法对边界节点的功率匹配进行改进。

今后电力系统模型将会朝着丰富化、模块化、精确化和标准化的趋势发展。

（1）传统的模型进一步完善。发电和受电系统模型的丰富程度、精确程度和适应性日益提高，直流输电系统、FACTS 器件、综合自动化系统、新能源发电及储能系统的控制手段建模不断丰富与完善，核电系统建模、网络等值建模的方法继续发展更，加实用化。

（2）元件模型的模块化将成为系统建模的主要形式，各类元件的模型逐渐趋于完整，不依赖于其他模型的输入、输出及参数而改变；同一类元件共同使用一个通用模型结构，用户可通过修改参数或元件结构来改变模型，使其可同时应用于机电暂态、电磁暂态和中长期过程动态仿真等。

（3）模型的标准化成为趋势。模型的标准化使得系统建模可在任意仿真软件的建模环境下进行，采用通用的输入输出格式，并可在其他仿真软件中进行调用，使模型具备"即插即用"的功能。未来的电网设备中可自带标准化的模型，并具备对局部模型进行仿真的能力，其结构和参数自行维护更新，模型异地分布，结合分布式计算技术，实现对整个电网的仿真分析。

7.3 数字仿真

电力系统数字仿真分析方法，包括稳态分析（潮流、网损分析、最优潮流、静态安全分析、谐波潮流）、动态分析和暂态分析（电磁暂态仿真、机电暂态仿真、全过程仿真、小干扰稳定计算、电压稳定计算等）等。

电力系统潮流计算问题主要在于非线性方程组的求解，现有算法主要有高斯—塞德尔法、牛顿—拉夫逊法、PQ 分解法、保留非线性潮流算法和最优因子法等。其中，牛顿—拉夫逊法是求解非线性方程组的典型方法，有较好的收敛性和较快的收敛速度。最优因子法是将非线性规划方法与牛顿—拉夫逊潮流算法相结合的产物，其优势在于只要在给定运行条件下潮流问题有解，理论上就可以找到这个解。由于潮流计算的收敛性受初值的影响较大，提出了先预计算，再正式计算的方法，如 PQ 分解转牛顿法。此外，还提出了潮流计算中的自动调整方法、适合实时计算的直流潮流算法、考虑不确定性因素的随机（概率）潮流方法、适合系统参数不对称情况的三相潮流算法，以及应用于电力系统电压稳定计算的多种病态潮流算法。

电力系统最优潮流计算实质是一个非线性规划问题，其主要算法有线性规划法、牛顿法、内点法以及遗传算法、人工神经网络法等智能算法。其中内点法在可行域的内部寻优，收敛性好、收敛速度快，适用于大规模电网的优化计算。智能算法由于具有全局收敛性和擅长处理离散变量的特点，日益得到重视，但还处在发展阶段。

研究小扰动电压稳定问题的电力系统静态电压稳定计算方法常用的有奇异值分解法、灵敏度法、崩溃点法、非线性规划法、连续潮流法、非线性动力学方法等。其中，奇异值分解法主要基于线性化潮流方程进行，通过分析雅可比矩阵的奇异度和特征值来确定系统的电压稳定性和相关元件的参与程度；灵敏度法也是基于潮流雅可比矩阵进行，但需与其他方法结合使用；崩溃点法是一种计算系统临界点的方法，其最大特点是计算速度快；非线性规划法将电压崩溃点的求取转化为非线性目标函数的优化问题，其计算规模有限；连续潮流法是从当前工作点出发，随负荷不断增加依次求解潮流，直到临界点；非线性动力学方法主要关注系统的临界点以及在其之后系统的状态如何变化，研究最多的是分岔理论。电压稳定的动态分析方法包括小干扰分析法和对大扰动电压稳定的时域仿真分析法、能量函数法等。

电力系统暂态稳定计算需要求解系统的网络方程和微分方程，一般采用交替迭代求解。其中微分方程主要由发电、负荷等一次设备和二次自动装置的数学模型构成，主要采用数值积分方法求解。

电力系统小干扰稳定计算的主要方法有：特征值分析法、小干扰时域响应分析等，其中特征值分析法应用最为广泛。

电力系统电磁暂态仿真通常采用时域瞬时值计算，多采用隐式梯形积分法，计算规模一般不超过百余条母线，计算步长通常为 20~200ns。

电磁暂态与机电暂态混合仿真的主要思路是把大规模电力系统分为需要进行电磁暂态仿真的子系统和需要进行机电暂态仿真的子系统，分别进行电磁暂态仿真和机电暂态仿真，在各子系统的交界处进行电磁暂态仿真和机电暂态仿真的交接，以提高机电暂态程序的仿真精度。近年来，随着分网并行算法的提出和电磁—机电接口的完善，混合仿真已实现实用化。

随着我国电力工业的发展，规模巨大的全国性交直流互联电力系统即将形成。这使得电力系统特性发生很多变化，系统的静态和动态行为变得更加复杂，例如：互联电网的低频振荡问题突出，发电机群间的动态摇摆周期增大，导致常规稳定仿真时间需要延长到数十秒等。近些年国内外发生的大停电事故多数起源于严重故障或连锁反应故障的冲击，系统发电和负荷之间的有功功率或无功功率出现长期持续偏移的不平衡状态，引起潮流、电压和频率等电气量和原动机系统变量的长期变化过程，最终导致系统失去稳定，经济损失惨重。因此，迫切需要能够研究和分析这种非线性超大规模电力系统动态特性机理、严重事故特征及其稳定措施的全过程动态稳定仿真程序。

电力系统全过程动态仿真程序能够将电力系统机电暂态、中期动态和长期动态过程有机地结合在一起进行仿真，能够描述系统受到扰动之后整个连续的动态过程，用于研究系统在受到干扰之后较长时间的机电过渡过程。

全过程动态仿真程序研究的时间从几秒到数十分钟甚至若干个小时，时间跨度大，不仅包含了系统暂态稳定过程，而且与暂态稳定程序相比，全过程动态仿真程序变得更复杂。它的主要特点是：

(1) 模型的种类众多，微分代数方程的阶数高。除覆盖电力系统暂态稳定、中期和长期过程所需要的动态元件模型外，考虑更多的自动装置模型。例如暂态稳定不予考虑的锅炉及其控制、水力系统模型、自动发电控制、变压器分接头的自动调整等。

(2) 仿真时间跨度大，可从几秒到几十分钟。必须采用具有自动变阶变步长功能的数值积分算法，步长范围可从小于 1 毫秒到几十秒。在系统快变阶段，采用小步长；在慢变阶段，采用大步长，以缩短计算时间。

(3) 控制系统中的最大最小时间常数相差大，有的相差近千倍，使系统的刚性比加大。如：锅炉汽包时间常数 Cd 典型值为 125s，而快速励磁系统的时间常数 T 典型值为 0.01s，电力电子装置时间常数可能更小。而一般的暂态稳定计算中，不考虑长过程动态元件的过程，系统的刚性不明显。

（4）变步长算法和微分方程刚性度的加强要求联立求解大型方程组，使得程序比使用简单迭代求解的机电暂态程序更难以实现灵活性。

（5）电力系统的飞速发展使得新型元器件和新的控制方法不断涌现，而程序必须具有灵活的结构，才能够适应这种发展，使得新模型能快速加入。

全过程动态仿真程序的主要功能概括为：

（1）具备模拟电力系统机电暂态过程的功能。

（2）具备模拟电力系统发生严重故障后全过程（从机电暂态过程到中长期动态过程）的功能。

（3）具备模拟电力系统正常运行状态的调整、控制系统模型测试和事故后恢复过程等功能。

国外有很多成熟的大型电力系统软件，例如 EUROSTAG、ETMSP、SIMPOW、PSS/E、NETOMAC 等，其中有的已实现电力系统暂态与中长期动态全过程仿真的功能。国内中国电力科学研究院系统所于 1998 年开始在暂态及中长期动态的全过程仿真的关键技术方面进行研究，并进行了相应的程序开发工作。目前该程序已应用于实际工程仿真计算。

电力系统数值仿真未来的发展趋势如下：

（1）对超大规模电力系统数字仿真计算的研究将取得长足进步，计算能力大大增强，由目前的万节点级增大为百万节点级，大规模电网仿真计算时的收敛性、鲁棒性、准确性和计算速度等方面得到显著改善。

（2）配电网和输电网统一建模，全网数据实现标准化、规范化，结合云存储技术，电网数据可根据计算的需要以不同的精细程度自动组合和调整，形成计算用数据，用户无需关心具体数据的存放位置和获取方式。结合多层分级分网并行和分布式计算、云计算技术，实现对电网的按需灵活仿真。

（3）与有关计算领域特别是与环境保护方面，将进一步相互影响和融合，例如，常规的安全稳定分析类计算和最优化计算将与碳排放控制相结合，通过合理安排发电机开停、系统潮流等措施，在满足电网安全性、稳定性，以及常规优化目标的同时减少碳排放。

（4）更有效地利用各种先进的自动化系统、测量设备的信息，大大改善电力系统数字仿真计算的速度和精度。

（5）不同时间尺度的混合仿真技术逐步成熟，实现电磁暂态—机电暂态—中长期动态过程的连续仿真，可获得系统从仿真开始后微秒级到分钟级，甚至小时级时间尺度的动态特性，仿真结果更加贴近系统的实际表现。

（6）协同计算将在电力系统仿真分析中逐步应用，使离线仿真分析从以往单地区单人工作的独立模式向多人联合协同计算模式转变，大幅度提高工作效率。

（7）人工智能、概率和模糊数学方法将会被更多地研究和引入。人工智能算法是解决大规模非线性系统求解、优化的有效方法，为电力系统计算分析开辟了一条新的路径，而概率算法和模糊数学方法则可以更好的处理仿真计算中的各种随机性和模糊性问题。未来综合应用各种人工智能方法，实现对仿真计算结果的综合智能分析和自动化处理。

（8）随着计算机技术的发展，特别是新型计算系统如生物计算、量子计算等的出现，仿真算法或将随之改变。

7.4 在线仿真

随着电网大停电事故的不断发生，各国对电网安全愈加重视，电力系统的在线稳定仿真分析也成为研究的重点。2005 年的调研报告表明，当时国际上已有 6 个电力系统在线软件生产厂家，可以提供不同程度的在线暂态稳定评估软件，其功能主要是在 EMS 高级应用的基础上，实现采用实时数据的全时域仿真并配合扩展等面积法或暂态能量函数法的暂态稳定评估。调研表明，在线稳定评估软件需求强烈，但目前远未达到大规模实际应用的程度。目前已经或正在实现在线应用的国家有加拿大、美国、巴西、爱尔兰、希腊、葡萄牙、芬兰、澳大利亚、新西兰、马来西亚、日本、意大利等。其中 2006 年在北美 PJM 联合输电系统中投运的实时暂态稳定分析和控制系统就是较为成功的一个例子。

国内在智能电网建设的新环境下，为确保电网安全稳定运行，建立和健全电网安全防御体系，中国电力科学研究院、国网电力科学研究院、清华大学等单位就在线仿真分析开展了研究与应用工作。其中中国电力科学研究院于 2004 年开始进行电力系统在线安全评估系统的研究和开发，并在国调、华北、华中、广东、黑龙江等调控中心得到初步应用，取得了较好的效果。

在线仿真技术未来的发展趋势如下：

（1）建立在线仿真专家系统。在线系统每天产生大量宝贵的运行数据，通过深入挖掘数据之间的联系以及电气量、状态量变化对稳定性的影响，来建立专家系统，指导电网的在线运行。同时以专家系统为基础，根据电网运行状况找出薄弱环节，自动生成危险故障集、连锁故障和危险断面等。

（2）提高在线仿真数据的质量。由于在线数据质量不良、数据同步时标不准等问题，导致在线仿真数据与实际运行工况有一定差异，可在数据整合时引入 WAMS 数据以提高在线仿真数据质量。另一方面，也可利用 WAMS 数据进行参数校核和辨识等工作，提高静态模型参数和动态模型参数的准确度。

（3）结合 WAMS 数据的在线仿真。目前在线仿真仅在数据准备时间接利用到 WAMS 数据，未来可在动态过程仿真过程中更多地引入 WAMS 实测数据，例如，可采用 WAMS 数据修正动态仿真的初始值或状态量，以提高在线仿真结果与实际系统响应的吻合程度。

（4）电力系统在线安全风险评估的实现。结合完善的元件停运模型、数据采集管理方法和超短期的电网状态变化预测，采用统一的风险评估指标体系，将确定性安全评价拓展到风险评估，规避风险较大的运行方式，确保系统安全运行。

（5）数据融合技术的应用。数据融合技术是指利用计算机对按时序获得的若干观测信息，在一定准则下加以自动分析、综合，以完成所需的决策和评估任务。该技术在电力系统在线仿真分析中的应用，将有利于提高其对调度自动化系统、广域量测系统、继电保护稳控系统、离线方式数据等多系统多信息的整合能力和利用水平。

（6）云计算模式的应用。随着云计算模式的发展，其首先将在离线仿真分析中得到应用和推广，技术成熟后将逐渐应用到在线仿真分析中，以突破大电网并行和分布式计算性能瓶颈，实现大规模资源共享。

（7）基于超实时仿真的在线控制以及未来的云控制。利用大规模电力系统的超实时仿真技术，在故障发生后快速判别系统稳定性，并给出控制措施。云控制则是云计算技术与基于超实时仿真的在线控制技术的完美结合，是未来在线控制技术的发展方向。

7.5 实时仿真

电力系统实时仿真的发展经历了从物理实时仿真、数模混合式实时仿真到全数字实时仿真的 3 个历史阶段。物理实时仿真由于其仿真规模不大和建模工作复杂，主要用于设备级的仿真和试验，如继电保护装置、安全自动装置、电力电子设备及新技术、新设备的基本原理验证和性能指标检验等。数模混合式实时仿真系统目前主要用于直流输电控制保护系统试验。实时数字仿真（Real Time Digital Simulator，RTDS）等全数字实时仿真主要用于继电保护装置、安全自动装置验证试验，近年来也有应用于电力电子设备验证试验、直流输电控制保护系统试验等方面；新近出现的全数字实时仿真装置（Advanced Digital Power System Simulator，ADPSS）因其具有大电网实时仿真的能力，应用范围较为广泛。

随着特高压直流、灵活交流输电和柔性直流输电等技术和设备在电力系统中的应用，日益复杂的拓扑结构、为数众多的电力电子开关器件和高速开断频率等因素使得现在的实时数字仿真技术已经无法满足实际应用的需求。而传统的物理实时仿真和数模混合式实时仿真又难以在仿真规模上有大的突破。仿真规模与仿真精细程度之间的矛盾日益凸显。目前国内外已在全数字实时仿真与直流物理仿真设备的功率连接技术方面开始了有益探索，并取得初步研究成果。其中中国电力科学研究院基于大规模电网仿真装置 ADPSS 开展的功率连接技术，将有望解决上述仿真规模与仿真精细程度之间的矛盾问题。

实时仿真技术未来的发展趋势如下：

（1）超大规模电力系统的实时仿真得以实现。随着计算机软硬件技术的快速发展，通过引入新的并行计算和仿真积分算法或对既有方法进行改进，实时仿真的电力系统规模将从目前的万节点级增大为百万节点级。

（2）机电—电磁暂态混合仿真技术日趋成熟并普遍应用，电磁暂态—机电暂态—中长期过程一体化实时仿真逐步实现。通过研究和应用新的混合仿真接口方法或对既有方法进行改进，机电—电磁暂态混合仿真的精度和稳定性得到提高，并在电网分析、仿真试验中普遍应用。电磁暂态—机电暂态—中长期过程一体化仿真的实现，使得仿真结果更加贴近系统的实际表现。

（3）新型设备的电磁暂态实时仿真得以实现。通过引入新的并行仿真方法或对既有方法进行改进，大量高频开断的电力电子开关器件的实时仿真难题得到解决，使得风力发电、柔性直流输电、新型灵活交流输电等新能源新设备的电磁暂态实时仿真得以实现。

（4）全数字实时仿真与物理仿真设备的功率连接技术取得长足进步，实现超大规模电力系统与数目众多的直流输电、电力电子装置、新能源新设备等的物理仿真设备的联合实时仿真。

（5）电网—电厂—变电站联合实时仿真得以实现，实现对电力系统的全方位实时仿真，可灵活接入实际的电网二次设备、电厂和变电站监控设备进行仿真试验分析。

（6）分布式实时仿真得以实现。基于时钟同步技术和通信技术，通过异地多个实时仿真装置的配合，实现多个异地物理装置的分布式仿真试验，解决带通道保护的继电保护装置、多个 HVDC 或 FACTS 控制器的交互影响和控制器协调等异地同步仿真问题。远程试验是分布式实时仿真的特殊应用模式，即大电网的实时仿真在异地高性能服务器上进行，而现场仅需要配备与物理待测设备的输入输出接口，需要高速的通信网络支持。

（7）在线实时仿真的应用。在线实时仿真通过实时信息采集与传递系统，实时接收电网运行数据，将开关状态、变压器分接头挡位、发电机出力参考值等信息送入实时仿真系统，使系统仿真模型能够及时跟踪大电网运行状态，特别是灾害情况下的迅速变化，实现对大电网的在线实时仿真。在此基础上，结合在线评估、紧急控制和优化运行等方法，实现电力系统实时仿真在线应用的预测分析、辅助决策和实时控制等功能。

8

电 网 调 度 运 行 技 术

8.1 控制中心自动化技术

8.1.1 安全校核及辅助决策

安全校核及辅助决策对发电计划、检修计划和调度模拟操作进行静态、暂态、动态、电压等校核，并提供关于计划调整方案和电网安全裕度等辅助决策信息。从功能上，安全校核及辅助决策可包括静态和动态两类，一般基于离线计算模式。

（1）静态安全校核及辅助决策。静态安全校核及辅助决策在某一潮流断面基础上，对电网各类调度计划和操作结果进行静态安全校核，评估调度计划的安全性和操作的后果，对静态不安全情况给出相应的预防和调整控制方案。主要功能可包括潮流计算、灵敏度计算、静态安全分析、短路电流计算等。

（2）动态安全校核及辅助决策。在静态校核的基础上，动态安全校核及辅助决策对校核断面进行静态稳定、暂态稳定、动态稳定、电压稳定等分析，评估系统稳定裕度，给出关键输电断面的稳定限值，对动态不安全情况给出相应的预防和调整控制方案。

安全校核及辅助决策一般用于离线运行方式的制定。对未来不确定情况的考虑，一般采用预测的方法。过去受预测水平等限制，预测的周期往往较长；计算中一般留有很大裕度，考虑严重故障发生的情况，造成运行方式的制定相对保守，无法充分利用系统现有发输电资源。随着系统规模的日益扩大，运行方式的不断复杂，未来需要提高安全校核及辅助决策的使用频率和范围，进行网省协同安全校核，进行安全校核和辅助决策的滚动计算。

8.1.2 有功调度计划优化

有功调度计划按时间尺度长短可分为长期计划（年度）、中期计划（月度）和短期计划（日前）；按内容可分为机组组合和经济调度优化；按施效对象可分为火电优化、水电优化、水火联合优化、新能源发电计划优化等。

中、长期调度计划由于时间跨度大，只能给出粗略的计划安排情况，供短期调度计划参考。

短期发电计划考虑电力电量平衡、机组检修计划、机组运行约束和网络静态安全约束，按时段编制未来一日到一周的机组开停机计划和发电机出力计划，包括火电机组开停机计划、火电发电计划、水火电协调发电计划。

国内对日前计划等短期调度计划研究较多，但现场应用不足。造成此种现象的主要原因不是技术问题，而是管理体制造成的重"安全性"轻"经济性"。不过，这一问题已经逐渐引起了关注和重视。积极推进日前计划编制的科学性、合理性和实用性，将成为未来调度中心的一项重要任务。

8.1.3 有功功率调整和频率控制

从对象和时间尺度来分，日前制定的短期调度计划是有功和频率的三次调整。在实际调度运行中，在参照日前制定的计划基础上，还需要有功和频率的二次和一次调整，以实时平衡系统负荷与预测值的偏差。这有赖于实时预测、实时调度和控制功能的实现。

（1）实时预测。利用 SCADA 实时数据和历史数据，预测 5~15min 后的系统负荷，为实时控制和实时调度服务提供未来系统超短期负荷信息。包括如下内容：

系统级和母线级超短期负荷预测——利用当前之前的历史负荷数据，预测 5~15min 之后系统负荷，根据当前之前的历史潮流结果，分配预测的系统负荷，形成 5~15min 之后的母线负荷。

超短期新能源出力预测——利用当前之前的历史新能源出力数据和气象数据，预测 5~15min 之后的新能源出力。

（2）实时调度和控制。传统的发电机有功调度模式中，机组实时调度命令主要是由调度员凭经验来下发。这存在如下问题：没有严格的安全和经济性分析的校验，且公正性不好考核，因此难以真正满足"三公"调度或"节能"调度需求；调度员调整工作量大，尤其是当日前计划和实际负荷差距较大时，人工调整的困难会很大，而且调整效果并不好。解决上述问题的办法是考虑在日前计划和 AGC 之间设置一个缓冲，即增加实时调度模块，在时间维度进行各模块间的有机协调。

实时调度的决策周期是 5~15min，根据超短期负荷预测结果，追随日前发电调度计划，考虑 AGC 机组可调容量，计算 5~15min 后非 AGC 机组发电出力和 AGC 机组的新设定值，计算结果需要考虑网络安全约束。实时调度模块集中体现了调度控制在时间维度协调的必要性和效果。它有效衔接了日前调度计划和 AGC 控制，在发电机有功调度控制各模块中起到承上启下的作用，同时有效提高了调度的自动化程度，可在降低调度员工作量的同时提高系统的安全性和经济性。

实时控制是电网调度控制中最主要的功能，通过快速的实时控制，维持系统频率和电压在合理范围之内，也接受实时调度功能发送的设定值指令，改变系统控制参数，进而改变控制性能。其中稳态 AGC 完成频率、交换功率控制和备用监视，接收有功实时调度指令，改变控制设定值。

目前国内电网调度部门一般采用"日前计划+人工调整+AGC"模式，机组实时调度命令主要是由调度员凭经验下发，缺乏对可有效衔接日前计划和 AGC 控制的实时调度模块的研究和应用。未来需要在重视程度和研究力量上进一步加强，过渡到"日前计划+实时调度+AGC"模式，提高实时调度的安全性和经济性水平，降低调度员的调整工作量，并推进发电机调度的公正、公平、公开。

8.1.4 无功功率调整和电压控制

传统的无功电压控制都是在发电厂和变电站进行就地控制，通常采用基于逻辑的方法实现就地信息采集和就地控制，采取人工按经验调节的方法。因此存在如下问题：电厂之间无功协调困难；厂站只注重母线电压控制，无功窜动大；电容器投切不能和电网合理协调；劳动强度大。

近些年研究较多的电压无功控制系统（AVC），对全网无功电压状态进行集中监视和分析计算，从全局的角度对广域分散的电网无功装置进行协调优化控制，是保持系统电压稳定、提升电网电压品质和整个系统经济运行水平、提高无功电压管理水平的重要技术手段。AVC 需要进行安全性与经济性协调控制、分层分区分级协调控制、上下级（网省地调）协调控制以及连续型与离散型设备协调控制。AVC 集安全性与经济性于一体，是无功调度的更高阶段。

分级电压控制模式是目前在国外（主要是欧洲）得到了较好应用的控制模式，其基本思想是将电压控制分为三个层次：一级电压控制（Primary Voltage Control，PVC），二级电压控制（Secondary Voltage Control，SVC）和三级电压控制（Tertiary Voltage Control，TVC）。

PVC 为本地控制，只用到本地的信息。控制器由本区域内控制发电机的自动励磁调节器、有载调压分接头及可投切的电容器组成，控制时间常数一般为几秒钟。在这级控制中，控制设备通过保持输出变量尽可能地接近设定值来补偿电压快速的、随机变化。

SVC 的时间常数为分钟级，控制的主要目的是保证中枢母线电压等于设定值，如果中枢母线的电压幅值产生偏差，二级电压控制器则按照预定的控制规律改变一级电压控制器的设定参考值。SVC 是一种区域控制，只用到本区域内的信息。

TVC 是其中的最高层，它以全系统的经济运行为优化目标，并考虑稳定性指标，最后给出中枢母线电压幅值的设定参考值，供二级电压控制使用。在三级电压控制中要充分考虑到协调的因素，利用整个系统的信息来进行优化计算，一般来说它的时间常数在几十分钟到小时级。

国内也开展了大量工作。其中，清华大学在借鉴法国等欧洲发达国家普遍采用的三级电压优化控制模式的基础上，提出了基于在线软分区（在线自适应分区）的三级电压控制新模式，构建了整个三级电压控制体系。上级控制为下级控制提供最优设定值，通过时空解耦，实现了安全、经济和质量等的多目标协调。

8.1.5 电网可用传输能力（Available Transfer Capacity，ATC）分析

电网是电力传输的载体，当其作为市场的载体时，又体现商品流动允许空间的大小及差异，显现不同的市场信号。随着市场竞争程度的不断增强，尤其是多种交易（联营、双边）模式共存时，现存方式、总输电能力、可用输电能力及其裕度等概念相继出现。电网输电能力分析在维持系统运行的安全、输电阻塞的处理、正确引导市场交易的

进行等方面具有特别的意义，已成为电力市场中一项十分重要，而又有许多问题亟待解决的课题。

当前国内外关于输电能力问题在计算和决策层面都已经有了一定的研究积累，取得了一些有代表性的研究成果。但是，电网输电能力因其影响因素众多，且需要考虑伴随市场化进程不断深入而出现的新问题，仍然有一些研究方向和内容值得继续关注，并需要进行更深入的分析和研究，主要体现在如下几点：

（1）在输电能力计算上，如何建立实用、有效的数学模型，如何寻求快捷、有效的计算方法，如何合理、科学地计及诸多不确定因素的影响，是市场环境对现代大电力系统输电能力计算提出的要求。解决这一问题不仅依赖于现代优化数学的研究成果，而且应该充分挖掘电力系统输电能力问题的物理本质，从而将数学方法与问题的物理规律有机结合，开辟解决问题的新思路。

（2）在进行概率输电能力分析时，随机不确定性的表达及计算条件的选择应尽可能准确反映实际系统运行特性，以使分析结果更加贴近现实。

（3）电力市场环境下，电力系统运行调度、控制与输电能力之间关系的处理有着特别的新意，也是电力系统运行调度问题在市场环境下的新发展。但目前此方面的研究还不够深入，应该引起足够的重视。

（4）ATC 是电力工业市场化改革后的新问题，考虑 ATC 的电力系统运行调度已得到共识，但如何在考虑 ATC 的同时进行电力系统运行调度决策目前研究尚不充分。

（5）中国目前专门用于电网输电能力计算的软件工具还很少，而且急需制定围绕输电能力综合分析的标准和框架体系。因此，尽早开发出符合电力市场特点的、且真正能为调度运行人员所使用的电网输电能力综合评价系统意义重大。

8.1.6 新能源发电并网运行与控制

大型风电及太阳能电源并网时具有和其他常规能源电厂不同的特点，主要体现在以下几个方面：

（1）输入的随机性和间歇性。风、光资源是随机和间歇的，并且不可存储，难以像水电、火电等常规电厂一样可以通过调节水轮机闸门、汽轮机汽门来控制出力，所以其发出的电能也是波动的、随机变化的。

（2）不可调度性。由于风电及太阳能电源的不可控性，因而难以根据负荷的大小对这些电源出力进行调度，给调度带来不少压力。

当风电及太阳能电源的容量较小时，上述特性对电力系统的影响并不明显，但随着风电及太阳能电源容量在系统中所占比例的增加，其对系统的影响就会越来越显著。大规模风电及太阳能电源并网对电力系统的静态电压稳定性、暂态电压稳定性、频率稳定性、继电保护、自动控制装置、电能质量以及电网调度和运行都会带来影响，需要加以研究，以寻求有效应对策略。

欧美等发达国家对风电及太阳能电源的开发利用较早，对于大量风电及太阳能电源接入电网运行已有一些相对成熟的经验，值得借鉴。我国的风电及太阳能电源事业发展速度很快，针对上述电源的并网带来的影响已有不少研究，但仍有大量问题有待解决。

8.2 变电站自动化技术

8.2.1 站内继电保护及安全控制技术

继电保护基本原理在 20 世纪 20 至 30 年代已经基本成形，在随后的时间里，继电保护技术的发展主要是紧密结合电子技术、通信技术、信号处理技术等相关技术的进步而逐步改进、完善。从保护原理上来讲，目前实用的继电保护技术大体分为基于本地间隔信息的保护原理和纵联保护原理两类。

本地间隔信息包括：测量相电流量、测量线电压量、测量零序电流量、测量零序电压量等；因此基于本地间隔信息的保护原理，根据使用电气量的不同分为：电流保护、电压保护、距离保护；其中电流保护又细化为三段式（方向）电流保护、三段式零序（方向）电流保护、负序过电流保护、二次谐波电流保护等；电压保护又细化为低电压保护、零序电压保护、复合电压保护、三次谐波电压保护等；综合利用电流量、电压量发展出了距离保护、复合电压闭锁电流保护等技术。基于本地间隔信息构成的保护，受输入信息的局限，无法获取被保护元件的 100% 选择性，主要用在 110kV 以下电压等级变电站中作为主保护，或者作为 220kV 以上高压变电站中各元件的后备保护。

为了获取对被保护元件的 100% 选择性，借助于通信技术（导引线、微波通道、高频收发信机、光纤），继电保护同时输入被保护元件两端的信息，发展成了纵联保护。根据不同保护原理和通信技术的结合，纵联保护分为：差动保护、纵联距离保护、纵联方向保护等。根据使用通信方式的不同，差动保护可细分为导引线差动、高频差动、光纤差动；纵联距离保护分为高频距离保护、微波距离保护、光纤距离保护等。目前高压变电站现场中主要采用的是基于光纤通道的纵联保护作为主保护，为了保证可靠性，一般配置两套独立回路、原理不同的独立主保护和后备保护。

虽然目前变电站继电保护装置的动作准确性已经达到了大约 95% 以上（线路保护的正确动作率更高，而发电机、变压器等元件保护的正确动作率稍低），但是继电保护技术人员仍始终在尝试利用更多的信息来提供更完善的保护性能，主要体现在如下几点：从传统的工频信号拓展到暂态、行波信号，基于行波的故障测距、选线等装置已经在电力系统中普及应用，性能优良，行波保护装置的实用化也接近完成；从传统的基于单一间隔信息构成保护的模式，拓展到跨间隔信息利用的保护模式，特别是数字化变电站的快速发展大大地推动了该方向的快速进步，使得跨间隔信息利用不再限于传统的母线保护、故障测距、故障选线、横差保护等方面，而是推向了整个继电保护的领域，引发了变电站集成保护、站域保护、保护控制一体化等技术的研究和试用；将传统继电保护面向元件的思想推广到保护系统层面，促进了广域保护、系统保护技术的快速发展。

8.2.2 广域继电保护及安全控制技术

由于近年来发生的多起大停电事故造成了巨大的损失，现代大电网的运行对系统的稳定与控制提出了明确的需求。这类保护控制系统是基本定位于常规保护及 SCADA/EMS 之间的系统保护控制手段，一般也称特殊保护系统、补救控制系统、稳定控制系统等。随着计算机技术和通信技术的发展，新一代的稳控技术正在形成，这就是基于广域测量系统的广域保护技术。

从应用的角度来看，电力系统广域保护稳控及相应的监视测量系统有三方面的功能：保证大电网的安全稳定运行，实时掌握及充分利用电网的输电能力；是电力市场运行的有力工具；提供更准确的电网规划方案。国际大电网会议将广域保护的功能及控制手段和目标进行了定义，如图 8-1 所示：

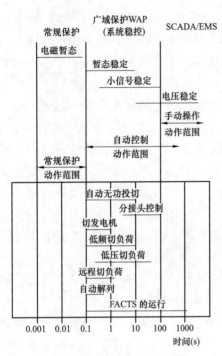

图 8-1 广域保护相关定义

目前的广域保护技术主要分为两大类，一类侧重于控制功能，如电压稳定控制、频率稳定控制等；另一类侧重于继电保护功能，如潮流转移识别、广域差动保护、广域后备保护等。

相对于传统的监测与控制系统，广域保护系统对通信提出了更高的要求。首先，需要考虑传输时延对系统响应的影响。其次，系统发生事故时，通信网络可能因为数据量太大而发生阻塞。因此，如何保证优先、可靠地传送最关键的数据也是需要解决的一个问题。此外，在通信系统发生故障时，如何避免影响数据通信、造成数据丢失情况的发生也需要进一步研究。

现有的广域保护系统都是采集系统实时数据，与预先计算好的方案进行对比，若两者相符则执行某种设定好的控制，因而存在配置不灵活的缺点。未来采用的广域保护系统应克服这种弱点，使用实时数据通过计算得到控制策略。

实际上，广域保护是一个比较狭义的概念。将为了克服传统保护仅能保护设备本身而不能保护系统安全、SCADA/EMS 响应过慢等缺点而提出的保护控制系统称为系统保护更为确切。系统保护一方面与现有的传统保护及安全自动装置相结合，利用本地信息或局部信息来识别系统的不正常运行状态，采取紧急控制措施消除或改善系统的异常运行状态，另一方面与 SCADA/EMS 系统相结合，包括充分挖掘利用 SCADA/EMS 中现有的数据、利用状态估计和动态安全分析得到的结果确定相应的控制方案、将广域保护确定的控制方案对系统稳定性的影响反馈给 SCADA/EMS，以便更充分地利用电网的输电能力。前者对通信系统的依赖性较低，响应速度较快，更适合于缓解紧急状态的紧急控制措施；后者对通信系统的依赖性较高，响应速度较慢，更适合于需要全局协调和实现全局最优的控制措施。

8.2.3　电子式互感器

常规互感器是目前的主流产品，但常规互感器不能满足智能电网的需要，而且电子式互感器未来发展态势更好，所以常规互感器将逐渐向电子式互感器转型。转型阶段的基本特征是：输出数字化、接口规范化、测量准确化、传输光纤化和绝缘安全化。

在需求的驱动下，电子式互感器的技术方向可以概括为三个主要方面：常规互感器的数字化改造、互感器传感结构的改良、互感器传感原理的变革。

1. 常规互感器的数字化改造

与常规互感器相比，数字化改造的互感器在传感原理和传感结构上没有大的变化，主要是为了得到数字输出在二次增加了电子部件，主要包括低功率铁芯线圈电流互感器和电子式电容分压电压互感器。

常规互感器的数字化改造可以明显提高互感器及其后端应用的精度。数字输出不存在传输误差，数字输入的电能计量装置不需要模数转换，也就不存在模数转换误差，因此可以明显提高电能计量的精度。

利用不带负载的信号输出特点，专门设计的低功率铁芯线圈电流互感器在很大程度上缓解了磁路饱和现象。

2. 传感结构的改良

传感结构的改良主要指罗克夫斯基线圈电流互感器。与常规电磁式电流互感器一样，罗克夫斯基线圈电流互感器也基于法拉第电磁感应原理，不同的是采用空芯线圈替代了铁芯线圈，从根本上消除了磁路饱和现象。由于仍然基于法拉第电磁感应原理，传感依赖磁通（电流）的变化，因此存在固有的测量频带问题。

3. 传感原理的变革

传感原理的变革主要指基于光学原理的互感器，包括光学电流互感器和光学电压互感器。

光学电流互感器基于法拉第磁旋光效应，光学电压互感器基于泡克尔斯电光效应，采用玻璃或者光纤为传感材料（还有晶体或者镀膜玻璃等方式）。无论是传感原理还是传感材料，光学互感器都明显不同于其他的互感器。光学互感器线性度理想，测量频带宽泛；不仅可以测量交流电，还可以测量直流电；绝缘结构简单，绝缘成本低廉；体积小、重量轻。光学互感器被公认为是互感器的理想换代产品。

8.2.4　变电站数据采集和监控

欧美等发达国家在变电站数据采集和监控技术方面的可靠性和实用性较高，西欧，北美，日本等发达国家和地区的绝大多数变电站，包括许多 500kV、380kV 的变电站都已实现无人值班，所有 225/20kV 变电站都由调度中心集中控制，当电网发生事故时，调度中心可以直接进行必要的处理。

国外针对 IEC 61850 标准的应用和研究开始较早，以 ABB、SIEMENS、AREVA 等为代表的制造商在欧洲建造了数座实验变电站，均可提供变电站数据采集和监控方面的全套二次设备。

电子式互感器是变电站实现数据采集和监控的重要设备。在电子式互感器应用方面，国际上，光电互感器已逐步成熟，正以越来越快的速度推广运用。其中 ABB、SIE-MENS、AREVA 等公司生产的光电互感器已有十几年的成功运行业绩。采用光电互感器的数字化变电站在欧洲也已经投入运行。

对于智能一次设备的数据采集和监控研究，美国一直走在前列。目前欧美日等国家也非常重视输电线路的数据采集和监控技术在运行维护中的应用，研究并使用新的诊断工具和方法评估运行中部件的预期使用寿命、风险和维修策略。针对关键一次设备的状态检修在国外已有较长的发展历史，在欧美等发达国家针对一次设备的智能检测装置已有很多，存在许多成功预报设备故障的范例。近年来，在发达国家电网设备检修经历了状态检修、可靠性检修、风险控制检修等检修模式，已进入到以企业绩效为核心的绩效检修模式，对提高企业绩效发挥了重要作用。

近年来，发电机、变压器、GIS 等关键电力设备的数据采集、状态监测与诊断技术是各国电工学科领域学者研究的热点。各国研究者开发了一些在线监测设备，多数采用单一参量进行监测，较少采用多参量综合检测的方法研究电力设备在运行过程中绝缘状态的变化规律。国外在线检测技术方面发展较快，已经将一些新的检测技术（超高频局部放电检测、超声波绝缘缺陷检测、气相色谱在线检测、光纤温度在线测量、光电测量等）以及一些新的数字信号分析技术（数字滤波、神经网络、小波分析、专家系统、模糊诊断、模式识别等）用于绝缘检测中，取得了良好的效果。

国际上对 SF_6 开关设备的数据采集和状态评估（包括故障监测及诊断技术）远不如变压器完善，大致有：分合闸线圈的电流特性监测、断路器机构动作特性监测与分析、SF_6 气体密度监测等，这些技术的应用主要针对开关设备的外部状态（如操动机构、机械传动系统和气体密封状态等）有效，但是对于如何诊断开关设备内部状态的研究工作做的还远不够深入和彻底。

目前，国内 110（66）kV 及以上变电站基本实现了"遥测""遥信""遥控""遥调"的四遥功能，部分网省公司 220kV 以上变电站无人值班比例达到 85% 以上。输变电系统已具备了对电网运行状态、设备运行状态进行实时在线监测和控制的能力。继电保护、电网安全稳定控制等技术和装备处于国际领先水平。

国家电网公司从 2005 年开始数字化变电站研究工作。国调中心从 2005 年开始陆续组织了 6 次互操作性试验，检验并促进了国内 IEC 61850 系列产品开发和应用的兼容性，对标准在国内的应用起到重要的推动作用。同时，通信技术尤其是以太网技术在电力系统中应用的普及以及嵌入式技术的快速发展也为数字化变电站的发展奠定了坚实的技术基础。

在上述技术发展的共同作用下，国内的数字化变电站数据采集和监控技术发展很快。据不完全统计，从 2006 年开始已陆续有 100 余座不同程度、不同电压等级、不同模式的数字化变电站投入运行。运行、设计、研发相关单位均积累了大量的应用经验。基本上主要的电力二次设备供应商均能提供数字化变电站保护、测控设备和监控系统。

目前，国内数字化变电站数据采集和监控系统还存在升级改造的要求。主要有：保护设备功能实现或是基于"点对点"模式，或是基于 IEC 61850-9-1 模式，按照 IEC 的推荐，这两种模式终将被 IEC 61850-9-2 所取代；电子式互感器与传统电磁互感器的传变特性区别较大，继电保护的适应性需要进一步提高和验证；测控设备功能实现仍依托于众多独立设备，没有充分利用数字化变电站信息共享的优势以实现功能集成和优化以及简化现场的设备与接线。

我国在电子式互感器的研制和运用方面起步较晚，但厂商较多。目前国内约有二十余家企业和高校涉足了电子式互感器的开发，经过多年努力，已有若干套设备在现场试运行。无源电子互感器目前基本处于研究和试运行状态。相对于无源式电子式互感器，我国在有源式光电互感器方面有更多的实际应用。

国内支持数字化变电站的工业交换机主要是 MOXA 的以太网交换机，已通过了 KEMA 认证，另外如东土科技等厂商也能提供支持数字化变电站的工业交换机。

目前国内新宁光电和威胜已经可以提供符合 IEC 61850 标准的计量设备并已进行了技术鉴定并在一些省市应用。

总的来说，国内在数字化变电站数据采集和监控方向的研究起步较晚，但由于政策支持，产品获得了更多实际应用，相应的技术水平提高很快。

国内在一次设备数据采集和状态参量的检测方面也取得了一定的成果，并有较为广泛的应用。但总体而言，目前国内状态检修工作刚刚起步，距全面开展还需要一段较长的摸索、调整和适应的过程。变压器的自诊断技术在国内提出的时间较早，但发展多年一直停留在比较原始的低水平上，对设备状态信息的检测十分有限，尚未引入设备可靠性水平评估、寿命曲线的评估和预测等方法，仍需做大量的基础研究工作。

在智能开关方面，我国也在积极开发具有智能保护和测控功能的 GIS。西开高压电气股份有限公司与南京南瑞继保电气有限公司合作研发了具有智能综合保护和测控功能的 GIS。国内许多自动化厂家在配网自动化方面研制出实用、多功能的集成控制继电器以替代传统的继保产品。如南瑞、许继、烟台东方电子公司、天水长城开关厂、北开电气股份有限公司等。还有一些单位也在开展相关研究。如福州天宇电气股份有限公司研制并已投产的开关柜触头温升在线检测，它通过集成模块、光纤传导等技术，具有报警、记录、通信功能，可有效防止触头接触不良而造成的事故。

目前国内在线监测最普遍提供的是速度曲线，即动触头行程与运动时间的关系曲线。基于机械振动信号的断路器状态监测与诊断作为一种间接的、不拆卸的诊断方法，目前已经成为研究热点。近年来发展起来的是触头电气寿命评估方法，即采用累积触头电磨损量作为判断电气寿命依据的断路器触头电气寿命监测和诊断方法。

局部放电检测是诊断电力设备绝缘状况的有效方法，它能发现设备绝缘缺陷，常用的方法有特高频（Ultra High Frequency，UHF）信号法和超声波法。目前清华大学和西安交通大学所研究的方法均是基于特高频信号的，已有成品在挂网试运行。

对于 SF_6 断路器，可以通过在线监测，对 SF_6 气体分解产物进行定量检测，进而判断断路器的运行情况。目前，只有较少的科研机构通过设备内部气体组分的变化来评估设备运行状态的研究。特别是针对不同的实验条件、放电类型、分解产物之间存在的差异还有待进行深入研究。

我国已能自主提供从高压到特高压的全系列成套电力装备。但高压设备的智能化程度不高，要全面实现高压设备的状态检修和全寿命管理，现有技术还有相当的发展空间。

数字化变电站的重要技术优势就是实现信息共享，在智能变电站中每个设备采集的信息及其本身的状态信息都可以被网络上的其他设备获取。另一方面，站内信息化将覆盖到全站范围，一些传统独立系统的信息，如视频、防火等将接入统一的信息平台。在此基础上，基于多参量信息的功能应用如智能预警功能、综合分析决策功能将得到加强和拓展。

电力设备劣化规律研究朝着多因子（包括电、热、机械、化学、环境等因子）老化研究方向发展。电力设备检测突破传统测量参量，积极寻找新的表征劣化规律的特征参量，开发出相应的传感器，并应用于特征参量的检测；同时探索并寻找在不断电的情况下，灵敏度、准确性高的新型故障诊断方法并将其应用于在线监测装置中。

高压断路器智能故障诊断专家系统是今后断路器故障诊断的发展方向。应从两个方面提高专家系统能力，使之具有更高的准确性和科学性。首先通过系统地积累断路器的试验数据和故障情况，不断完善和充实知识库，其次通过引入先进的故障诊断方法以提高系统的诊断水平。

电力设备故障诊断将向综合诊断与寿命评估方向发展，大量采用现代数学方法和信号处理方法，可有力地推动电力设备诊断向基于状态描述的信号处理、信息集成和故障分析方向发展，使得智能监控与诊断成为可能。

智能电网变电装备发展的总趋势是设备信息数字化、功能集成化、结构紧凑化、检修状态化。

8.2.5　变电站内高级应用

近年来欧美提出了智能电网概念，在全球范围内掀起了研究智能电网的热潮。国家电网公司也提出了建设"统一坚强智能电网"的远景目标。随着智能电网研究和建设的深化，面临如下关键共性问题：

（1）调度中心基础数据的准确性问题。随着调度中心的智能化和自动化水平的提高，对基础数据的依赖达到了前所未有的程度，然而高级调度中心这座"高楼大厦"的"地基"——基础数据却出现了问题。随着动态安全预警和预控、调度计划安全校核和无功电压优化控制等高级调度中心高级应用的在线化运行，不断暴露出基础数据不准确所带来的严重影响问题，主要表现为时常有拓扑错误和量测坏数据出现，严重时导致状态估计不可用或不可信，制约了高级应用的实用化，进而降低了电网运行人员对电网运行状态的判断和控制能力。由于调度中心信息的先天不足，通过调度中心状态估计模型和算法的改进，已无法从根本上解决调度中心基础数据的准确性问题。这一问题已成为国内外智能电网调度技术支持系统高级应用实用化的关键共性问题，亟待突破。为此，国家电力调度中心 2009 年发文《关于全面开展调度自动化基础数据质量综合整治工作的通知》（调自〔2009〕121 号），已充分认识到该问题的重要性和迫切性。

（2）变电站的智能化问题。随着变电站数字化技术的发展，快速采集的信息越来越多，例如：综自、PMU 和保护等信息，还有各种智能一次设备的在线监测信息，这些海量信息不可能也没有必要全部实时传输到调度中心，因此，如何发挥变电站本地信息的冗余性和本地决策的敏捷性优势，实现信息分层和分布式处理，提高变电站为电网运行和维护服务的智能性，是国际上智能变电站发展的重要趋势。

（3）调度中心的容灾和自愈问题。调度中心是智能电网的神经中枢，其容灾和自愈能力十分重要。为了提高调度中心对各种灾难（自然的或人为的）打击的抵抗能力，当前一般主张建设异地备用调度中心，这在技术上没有困难，但是投资很大，而且如果备用调度中心也同时遭受打击，集中式控制将完全失效。因此，如何发挥变电站分布式建模和存储优势，在调度中心功能瘫痪后，快速重建调度中心功能，实现调度中心的自愈，这可能成为未来智能电网的一个重要特征。

（4）调度中心图模的维护负担问题。对大规模电网，调度中心维护图形和模型的负担很大，而且容易出错，一旦出错，还难以诊断。如果能利用变电站已经建好的图模，在调度中心自动完成拼接，则可支持调度中心图模的免维护或低维护。

事实上，变电站的综合自动化系统具有实时信息快速采集、数据源高度冗余、决策命令快速执行等先天技术优势，如果能够充分挖掘变电站内的计算、存储、通信、人工等各类资源，实现变电站内模型自组、状态估计，而在调度中心只进行各站模型的拼接和整合工作，则会大大减轻调度中心的各类负担，减轻维护工作量。事实上，这种分布、自治的技术思路，将传统的"调度中心集中式分析决策"模式变革为一种全新的"变电站——调度中心两级分布式分析决策"模式，可实质性地推动智能变电站的发展，引领我国智能电网研究和建设的新潮流。

该领域已经成为国内外智能电网研究的热点和趋势，但目前还没有变电站——调度中心两级分布式状态估计在实际电网实施的报道，还未涉及变电站与调度中心的信息互动，也未涉及变电站的分布式建模、调度中心自愈和免维护等核心技术内容。

9

在线分析与控制技术

9.1 电力系统模型的在线辨识与校核技术

1. 电力系统模型的在线辨识

系统辨识是控制理论的一个分支，形成于 20 世纪 60 年代，电力系统的辨识技术可广泛应用于建立电力系统动态数据库、系统安全的动态监控、诊断技术、在线调试、自适应控制及系统动态等值等方面。按照辨识理论，辨识方法可以分为经典辨识法和现代辨识法两类：

（1）经典辨识法。经典辨识法采用卷积分辨识法、相关辨识法和频域快速傅里叶变换（Fast Fourier Transform，FFT）法等，其建立的数学模型包括时域脉冲响应、相频响应和频域、幅频响应，属于非参数型，用于离线辨识。

（2）现代辨识法。现代辨识法采用的方法包括最小二乘估计法、极大似然法、卡尔曼滤波法类、模拟进化方法、混沌优化方法和 Prony 算法等，其建立的数学模型包括状态空间方程、差分方程等，属于参数型，用于在线辨识。现在出现了一些利用 Volttera 级数、小波变换、神经网络法、遗传算法和希尔伯特-黄变换（Hilbert-Huang Transform，HHT）法的辨识应用。

电力系统的快速发展和电网规模的不断扩大，对在线测量——辨识——预测——控制的动态稳定分析系统提出了更高的要求，基于全球卫星定位系统时钟同步的广域测量系统为系统的动态稳定分析提供了完备的数据基础，为在线辨识技术的发展提供了有力支撑。目前，电力系统模型的在线辨识技术的研究主要集中在基于 PMU 量测的电力系统主导动态参数在线辨识方法上，该方法是在广域测量系统快速、准确地测量性能的基础上，通过离线建立模式库、在线降维最小二乘辨识以及在二者之间建立的映射关系桥梁实现对电力系统动态过程影响较大的几个参数的在线快速辨识，它完成的是对主导动态参数的一种粗粒度条件下的辨识，其难点在于待辨识参数的确定、空间模型的 Volttera 级数展开、主导动态参数的选择、离线模式库的建立以及降维最小二乘辨识方法等方面。

目前电力系统模型的在线辨识的研究已经在大型同步发电机参数辨识、电力系统低频振荡辨识、综合负荷模型辨识以及输电线路参数辨识等方面取得重要进展。

2. 电力系统模型辨识模型的校核

电力系统模型的校核是指利用电力系统实时数据，对电力系统的各种参数和模型进行校核，确保参数和模型的准确性，从而保证电力系统安全稳定分析和控制的正确性，提高电力系统运行的安全性。目前，对电力系统模型校核的主要方法是与稳态分析中的数字仿真结果进行比较，而且这方面大量研究的是电力系统继电保护定值的在线校核，而对于电力系统模型的在线校核还较为少见，需要加强研究。

9.2 基于风险理论的电网安全评估技术

确定性的安全评估方法已经在电力系统研究中取得了广泛的应用，但是这种方法一方面可能使设备没能充分利用，另一方面也可能造成重复建设，从而增加成本，尤其在电力需求越来越紧张的情况下，确定性方法的弱点就变得十分显著，所以基于风险的安全评估应运而生。基于风险理论的电网安全评估能够定量地抓住决定安全性等级的两个因素——事故的可能性和严重性，并在此基础上引入风险指标，从而可以对电力系统安全性做出更科学、细致的评估。

在电力系统的安全分析中将风险定义为：事故发生的概率乘以事故产生的后果，因此这部分的研究包括事故发生概率的研究和事故中产生后果的研究。

事故发生概率的研究主要有蒙特卡洛法和解析法两种。蒙特卡洛法通过各种模型进行仿真，部分不确定模型可以通过历史数据获得或假定一个概率分布函数，能够仿真系统的随机性，但是该方法为了获得足够的准确率，需要进行大量的稳定判别，非常费时。解析法中目前应用较多的方法主要有单纯的解析法和条件概率法。

事故产生后果的研究是对发生失稳造成的各种后果进行定性和定量的分析，其中定量的分析方法能够精确的表明后果的严重程度，有利于评估结果的分析和综合比较，因此成为事故后果研究的主要方向。事故产生后果的定量研究的思路是对不同的失稳故障造成的损失用经济性指标量化。

利用上面的事故概率与事故后果的各种模型就可以得出适用于电力系统分析的各种风险指标，从而得出电力系统安全性的定量评估。

目前，基于风险的电力系统安全评估方法已经在电力系统的暂态稳定研究和电压稳定研究中得到初步应用，理论的成熟还需要进一步探究。

9.3 在线智能决策分析技术

电力系统是一个超大规模、强关联、快动态的高度非线性系统，稳定性预测与控制非常复杂，人工智能的出现为电力系统安全稳定提供了一种新的方法和途径，它能够很方便地处理各种非线性问题，并具有并行计算、自适应、自学习、自组织能力以及容许不精确模型的特点，不需要建立系统的数学模型，可以直接从样本中寻求状态参数与稳定性指标间的映射关系，人工智能方法可以很大程度地提高稳定分析的速度，满足在线分析的要求，并与科学的决策支持技术相结合，从而实现电力系统的在线智能决策分析。用于电力系统在线安全稳定分析的智能算法主要有人工神经网络、专家系统、数据挖掘等。其中人工神经网络法的优点是训练精度较高，而且可以进行自学习，但其存在的主要问题是如何合理选择有限数量的样本构成样本集，以便概括引出所需结果；专家系统可以模拟人类专家思维和求解问题的方法，以知识作为信息处理的对象，从而更好地解决问题，但是也存在着知识自动获取困难，自学习能力差等缺陷；数据挖掘技术是人工智能和数据库相结合的产物，可以从大量的数据中鉴别出有效的模式，目前已经提出的数据挖掘方法包括统计分析方法、决策树方法、覆盖正例和排斥反例方法、粗糙集方法、概念树方法、遗传算法、公式发现、模糊集方法、关联分析、聚类方法、分类方法和数据可视化技术等，数据挖掘在电力系统中的应用尚未成熟。

由于这些智能算法自身的局限性，单独运用不能有效解决电力系统在线安全稳定分析问题，因此当前的主要研究集中在不同方法之间的组合应用，例如决策树与神经网络混合法的电压稳定预测的研究，人工神经网络或专家系统与粗糙集理论等的联合应用。总的来说，电力系统的智能在线决策分析技术的研究还需要进一步深入。

9.4 基于 WAMS 的在线监控和分析技术

电力系统的运行环境十分复杂，一些偶然的或突发的事件都可能对电网的安全稳定运行造成破坏，甚至引发电网的连锁故障，造成大面积停电，因此，分析电力系统的运行状态，通过安全预警研究方法分析其状态转移的可能性和对系统造成的危害程度，并采取适当控制措施来降低风险，对电力系统的安全稳定有极其重要的意义。电力系统动态监测是在线安全分析的基础，而传统的数据采集和监控系统（SCADA）无法动态监测电网，PMU 的出现为动态监测提供了可能，目前，基于 WAMS 的电网实时预警系统的研究可以分为以下 3 个方面：

1. 静态安全预警

基于广域测量系统的数据，进行电网实时跟踪，重点考虑 N-1 故障，利用支路和发电机模拟开断算法对其中的事故进行快速的静态安全评估，找出严重事故，通过交流潮流计算出严重故障的精确潮流分布，计算得出系统的静态安全指标，指出静态安全的薄弱环节，进行预警并给出相应的控制决策，以使系统尽快地恢复到静态安全状态。

2. 暂态稳定安全预警

目前，基于同步相量测量技术和广域测量技术的暂态稳定分析及预测方法主要分两类：一是应用时间序列分析、多项式拟合、人工智能等预测方法结合历史数据外推未来系统的受扰轨迹（以发电机相对功角预测为主），并判断系统的稳定性。由于电力系统的复杂性，单纯依靠历史数据直接外推的结果不是完全可靠的；二是以 PMU/WAMS 提供的系统故障后的状态为初始值，或者以故障后一小段时间窗内的轨迹作为初始分析轨迹，通过这些初始值或者轨迹来改进传统暂态稳定分析方法，包括基于改进传统积分方法的仿真、基于同调分群思想的轨迹预测、利用卡尔曼滤波法的轨迹预测和利用模糊神经网络的轨迹预测，在线计算出电网暂态稳定裕度和稳定极限值，对于各种严重事故发出预警信号，并给出相应的控制决策方案。

3. 电压稳定安全预警

电压稳定问题在很多情况下可视为局部问题，广域测量系统的出现为电网电压稳定分析提供了强大的手段，利用广域测量系统得到的各个负荷节点电压和电流相量，可以对每个负荷节点进行在线实时等值，每个节点外的系统等值为一个等效电源，从而方便地分析局部电压稳定问题，通过对每个节点制定电压稳定指标，最终判断整个系统的电压稳定性，从而根据当前的电压稳定指标和稳定裕度发出预警信号。此外，关于基于广域测量系统的电压稳定预测算法也有相应的研究，可以精确地预测电压的不稳定问题。

10

电网运行优化控制技术

10.1 大电网阻尼控制技术

低频振荡又称功率振荡、机电振荡。电力系统发电机在输电并列运行时，在扰动下会发生发电机转子间相对摇摆，并在缺乏阻尼时引起持续振荡。由于振荡频率很低（大致在 0.2~2.5Hz 之间），故称为低频振荡。目前对低频振荡产生原因的分析有以下几种：缺乏互联系统机械模式的阻尼、发电机的电磁惯性、过于灵敏的励磁调节、电力系统的非线性奇异现象引起的增幅性振荡以及不适当的控制方式。

目前对低频振荡的研究方法主要有频域分析法和时域分析法，除此之外还有传递函数辨识法、分岔分析法、正规形法。频域法的优点是可以纵观全局，计算一次就能得到全系统所有机电振荡的阻尼特性信息，时域法的优点是结果清晰、明了、直观，可以考虑多个机组，机组模型阶数可以选择，因此可以考虑更多非线性因素和更精确的模型。

关于抑制低频振荡的方法，由于低频振荡产生的原因究其本质是系统的控制措施带来的负阻尼，所以控制的思路主要是两种：一是调整控制措施，减小其带来的负阻尼；二是附加控制提供额外的正阻尼。具体的措施也分为两类：一类是减小负阻尼，如安装静止无功补偿器（Static Var Compensator，SVC）、串联补偿器（Thyristor Controlled Series Compensation，TCSC），晶闸管控制移相装置（Thyristor Controlled Phase Shifter，TCPS），统一潮流控制器（Unified Power Flow Controller，UPFC）等，另一类是增加正阻尼，如采用电力系统稳定器（Power System Stabilization，PSS），高压直流输电系统调制，线性最优励磁控制（Linear Optimal Excitation Control，LOEC）和非线性最优励磁控制（Non-Linear Optimal Excitation Control，NLOEC）。

这些方法比较而言，PSS 是最经济有效和简单易行的，但是该方法的缺点是参数的整定依赖于运行工况这些都是 LOEC 和 NLOEC 可以改善的地方。但是相比于 PSS，LOEC 和 NLOEC 却不能灵活地选择进入或退出控制。

10.2 电力系统次同步振荡和谐振控制技术

电力系统次同步谐振是电力系统的一种运行状态，在这种状态下电气系统与汽轮发电机组以低于同步频率的某个或多个网机联合系统的自然振荡频率交换能量。次同步谐振包括感应发电机效应、扭转相互作用和暂态扭矩三个方面的内容。

引起次同步谐振的原因主要有两类，一是由于串补电容、HVDC 等引起，二是由于系统的各种急剧扰动引起。对应的研究方法也不同，对第一类的研究方法有：特征根分析法、等值阻抗法、复力矩系数法，对第二类的研究方法主要是时域仿真。

对次同步振荡的抑制措施通常有两大类，第一类是通过附加或改造一次设备防止次同步振荡，第二类是通过控制装置抑制次同步振荡。前者价格昂贵，后者经济。具体的抑制措施有：

（1）设计串补输电线路时，考虑提高输送能力的同时兼顾次同步谐振，选择合理的串补度，减小可能引起自激的频率范围，避开可能产生最严重次同步谐振的频率。

（2）在串补电容器两端（或部分电容器两端）并联可控电抗器。

（3）在串补电容器上并联通路阻尼滤波器。

（4）晶闸管投切阻尼电阻器。

（5）发电机加装极面阻尼网。

（6）励磁系统阻尼器。

（7）加装发电机次同步谐振监视记录系统，对发电机状态进行监视。

（8）加装针对发电机次同步谐振的专门继电保护，必要时切机以规避风险。

10.3 机网协调控制技术

机网协调技术涉及范围主要包括发电机组参数、励磁系统、调速系统、继电保护及安全自动装置等设备及控制参数的设置，对保证发电机本体及电力系统稳定运行至关重要。历史上发生的多次大停电事故显示，电网运行在发生较大的故障波动期间，电厂与电网之间的协调配合是保证系统安全稳定运行的关键因素之一，尤其体现在发电机涉网保护（如发电机低频保护、发电机高频保护、发电机失磁保护等）和电网的安全自动装置（如高频切机安全自动装置、低频减载安全自动装置等）的配合方面，如果配合不合理，可能成为事故诱因，甚至造成事故扩大的严重后果。

10.3.1 发电机涉网保护机网协调运行技术

发变组涉网保护的涉及范围包括发变组涉网继电保护、汽轮机保护、发电机控制系统三个部分和调度部门认为有必要列入监督范围的机组其他保护。涉及的发变组涉网继电保护包括：发电机定子过电压、发电机定子过激磁、发电机定子低电压、发电机低频率、发电机高频率、发电机失步保护、发电机失磁保护。涉及的汽轮机保护包括：电超速保护。涉及的发电机控制系统包括：低励磁限制与保护、过励磁限制与保护、过激磁（V/Hz）限制与保护、最大励磁电流限制。

10.3.2 发电机励磁控制与电网协调运行技术

发电机励磁控制系统中主要控制环节如低励磁限制、过励磁限制、电压调节器、电力系统稳定器等的参数整定对电网安全稳定运行有较大影响。

发电机组励磁水平过低可能导致定子端部过热、静态稳定破坏和失磁保护误动风险增大问题，发电机励磁控制系统配置了低励限制功能，增强了机组应对特殊工况条件的能力，但如果设置不当有可能成为事故隐患。目前开展了低励限制设置和控制结构设计的方法研究，为现场合理配置低励限制器，保证机组和系统的安全稳定提供了技术参考。

当电网电压水平较低时，可能发生发电机过励限制或过励保护动作，降低发电机无功出力或切除发电机，引发连锁故障，诱发大停电事故。目前开展了国内外发电机过励限制、保护配置不合理、整定缺乏协调引发的电网事故机理梳理，开展了发电机过励限制、过励保护整定的协调配合策略研究，开展了过励限制或过励保护的配置及协调整定对电网安全稳定运行的影响研究，从技术和管理两方面采取加强过励限制与电网安全协调运行的措施。

10.3.3 发电机组一次调频协调运行技术

电力系统中发电机一次调频的配置和整定对电网频率响应和控制特性的影响至关重要。不同类型发电机组如水电、火电、核电等一次调频性能各不相同，大规模新能源并网使电网频率控制特性更为复杂。目前开展了火电厂动力系统协调控制（即汽轮机及其调速器、锅炉设备、锅炉和汽轮机的协调控制）、水电站调速控制系统的测试、建模研究，开展了典型机组及其调速系统的一次调频性能与其结构、运行方式、参数设置关系的理论分析和试验，开展了机组一次调频性能量化评估技术研究，开展了我国互联电网和发电机组一次调频技术规定和管理规定的编制工作。

国网公司编制了一系列机网协调的相关规定，通过多种方式检查和督促发电厂切实落实相关规定的要求。将机网协调各项要求纳入电网安全性评价，严格机组并网前的安全性评价，确保执行到位；开展励磁调节器产品、汽轮机调速系统入网检测工作，加强管理技术手段，开发建设发电机组调节器特性实时在线监测系统，实现对发电机组一次调频、励磁调节器、PSS 投运状态及性能表现的远方监测分析。

10.4 基于 FACTS 的柔性控制技术

柔性交流输电系统（FACTS）是现代电力电子技术和电力系统的阻抗控制元件、功角控制元件及电压控制元件相结合的产物，也是现代控制技术、计算机技术、通信技术取得巨大进展的结果。

目前已获得成功应用的 FACTS 器件有：可控串联补偿，静止同步串联补偿器，静止同步并联补偿器，统一潮流控制器，可转换的静止补偿器等，这些 FACTS 器件应用于输电系统，具有如下功能：

（1）优化输电网络的运行条件。有助于减少和消除环流或振荡等大电网痼疾，解决输电网中瓶颈环节问题。

（2）提高输电线路的输送容量。可保证输电线输送容量接近热稳定极限而又不至于过负荷。

（3）扩大交流输电的应用范围。由于高压直流输电的控制手段快速灵活，因此当输送容量与稳定的矛盾难以调和时，采用 FACTS 装置可使常规交流电柔性化，具有直流输电的优势。

（4）促进电力市场的经济化。为输电网开放（Open Transmission Access，OTA）下的电网稳定控制提供支持。

11

电网安全稳定紧急控制技术

11.1 交直流及多回直流协调控制技术

随着电力系统规模的日益扩大以及跨区电力流的不断增大，发生跨区直流系统故障或严重交流系统故障时，故障波及范围及严重程度若仅仅依靠传统安全稳定控制措施，将面临代价过大或难以实施的困境。直流系统具有灵活迅速的控制响应特性，采取合理的交直流或多直流协调控制技术有利于改善故障条件下电网安全稳定特性，并减小故障后保持电网稳定所需的切机或切负荷量。目前该类技术已逐步在我国电网中实现实用化。

11.1.1 超/特高压交直流协调控制技术

1. 基于线性控制理论的交直流、多直流协调控制

基于线性控制理论的交直流、多馈入直流（Multi Infeed Direct Current，MIDC）系统协调控制发展相对成熟，比较普遍的方法是通过改进直流紧急功率控制和直流调制技术实现交直流之间或多回直流系统之间的相互协调。主要包括：

（1）功率紧急提升/降低实现协调控制。由于直流系统具有快速改变输电功率的特性和很强的过负荷能力，因此可以根据直流系统之间电气联系，制定策略控制各直流系统功率，实现多回直流系统相互支援和协调。

（2）直流调制实现协调控制。直流输电系统带有多种调制功能，对于多回直流系统而言，根据各自改善某一特定振荡模态为设计目标的调制控制器在共同作用下有可能削弱整个系统的阻尼特性，因此通过优化各直流调制控制器，可以在一定程度上实现MIDC系统的协调控制，改善系统在不同扰动情况下阻尼特性。

（3）多回直流协调恢复策略。利用电流控制器和低压限流环节对直流控制特性影响显著的特点，通过对这些环节设定不同参数实现各直流系统在故障后的有序恢复，避免多回直流系统同时恢复导致无功需求大量诱发系统电压失稳的影响。

2. 基于非线性控制理论的交直流、多直流协调控制

AC/DC系统具有强非线性特征，基于线性控制理论的控制器是根据系统在某个运行点线性化模型设计的，在大扰动下这些控制器存在无法达到控制目标的固有缺陷，因此国内外学者将非线性控制方法引入了交直流控制研究中。

（1）基于反馈线性化理论的协调控制。针对AC/DC强非线性特征，映射线性化技术成为了非线性控制理论在协调控制中应用的一个重要基础。在映射线性化技术中，反馈线性化方法得到了广泛的应用，较为典型的方法有：直接反馈线性化方法、微分几何方法、逆系统方法等。

（2）复杂控制方法在协调控制中的应用。在 AC/DC 和 MIDC 系统控制研究领域，为了达到更好的控制效果，各国学者将非线性系统线性化方法与最优控制、自适应控制、模糊控制、鲁棒控制、变结构控制等方法相结合，形成了许多新方法，实现了复杂控制方法在 AC/DC 和 MIDC 中的应用。

3. 基于分散控制理论的多直流协调控制

就 MIDC 系统整体而言，协调控制策略的实现仅从局部稳定性出发是不够的，但考虑全局稳定性时，必然带来控制策略设计困难和采用远方或非可测信号工程实现困难的新问题。因此将分散控制理论应用于对 MIDC 系统控制研究中，使得控制系统不反馈远方信号即能实现控制目的，奠定了多馈入直流系统协调控制工程的基础。

11.1.2　柔性直流及直流电网控制技术

常规超/特高压直流输电技术发展较为成熟，在我国电网"西电东送、北电南送"全国电力流格局优化中发挥了巨大的作用，取得了良好的社会和经济效益。但是，由于其自身缺陷也引发了电网安全稳定中的一些新问题。如多直流馈入受端电网可能因交流系统故障导致单一或多个直流发生换相失败，严重情况下甚至导致直流闭锁，大量功率转移或缺额可能诱发受端电网频率稳定、电压稳定等问题。同时大幅功率波动也可能影响送端电网的安全稳定运行。

基于电压源型换流器的高压直流输电概念最早是由加拿大 McGill 大学 Boon-Teck 等学者于 1990 年提出。通过控制电压源换流器中全控型电力电子器件的开通和关断，改变输出电压的相角和幅值，可实现对交流侧有功功率和无功功率的控制，达到功率输送和稳定电网等目的，从而有效地弥补了此前输电技术存在的一些固有缺陷。国际大电网会议和美国电气与电子工程师协会于 2004 年将其正式命名为 "VSC-HVDC"（Voltage Source Converter Based High Voltage Direct Current）。ABB、Simens 和 Alstom 公司则将该输电技术分别命名为 HVDC Light、HVDC Plus 和 HVDC MaxSine，在中国则通常称之为柔性直流输电（HVDC Flexible）。

通常，柔性直流输电主要具有以下优势：

（1）独立的电力传输和电能质量控制。柔性直流输电系统可以在操作范围内对有功和无功进行完的独立控制。柔性直流输电不需要依靠交流系统的能力来维持电压和频率稳定。柔性直流输电可以向缺乏同步机的电网馈送负荷。

（2）电能反转。直流输电系统可以在不改变控制方式、不转换滤波、不关断换流站的情况下快速地转换功率方向。在这个过程中直流电流方向改变，而直流电压方向没有变化（传统直流输电电压改变），这对于既能方便地控制潮流又具有较高可靠性的并联多端直流系统是有利的。

（3）增加现有系统的传输容量。柔性直流输电对现有系统短路容量影响不大，这意味着增加新的直流输电线路后，交流系统的保护整定基本不需要改变。

（4）对无功功率的自由补偿。柔性直流输电不仅不需要交流侧提供无功补偿，而且能起到静止同步补偿器（STATCOM）的作用，即动态补偿交流母线的无功功率，稳定交流母线电压。这意味着故障时，系统既可以提供有功功率的紧急支援又可以提供无功功率的紧急支援，从而提高系统电压和功角的稳定性。

（5）孤岛操作和异步网络连接。柔性直流输电换流站通常跟随连接网络的交流电压。电压的大小和频率由整流站的控制系统决定，而且 2 个换流站是完全独立的，可以满足孤岛操作和异步网络连接的要求，这些都是传统交流系统无法实现的。

最早投入经济运行的柔性直流输电系统的输电功率为 60MW，其换流器采用两电平拓扑结构，采用 PWM 控制 IGBT 开关，靠并联在极线两端的电容器稳定电压和滤波，这种方式的优点在于电路结构简单，电容器少，缺点在于若开关频率较低则输出波形畸变较大，若开关频率较高则换流器损耗较大。另外两电平换流器为提高容量需采用大量 IGBT 器件直接串联，必须配置均压电路以保证每个开关器件承受相同电压，开关触发的同步性也是个难题。

第二代柔性直流输电系统采用三电平换流器，直流电压达到 $\pm150kV$，输电功率达到 330MW。它和两电平 VSC 的区别是其共用了直流电容器，借此可以多输出一个电平。用同样的开关器件，三电平 VSC 换流器的输出电压比两电平 VSC 可以提高一倍，提高了电压等级，但由于提高电压依然需要直接串联开关器件，电容均压问题和谐波含量大的问题依然无法得到有效的解决。随着工程对于电压等级和容量需求的不断提升，这些缺陷体现得越来越明显，未来两电平或三电平技术将会主要用于较小功率传输或一些特殊应用场合（如海上平台供电或电机变频驱动等）。

2001 年，德国慕尼黑联邦国防军大学 R. Marquart 和 A. Lesnicar 共同提出了模块化多电平换流器（Modular Multilevel Converter，MMC）拓扑。MMC 技术的提出和应用，是柔性直流输电工程技术发展史上的一个重要里程碑。该技术的出现，提升了柔性直流输电工程的运行效益，极大地促进了柔性直流输电技术的发展及其工程推广应用。

由 3 个或者 3 个以上的换流站及其直流输电线路组成的高压直流输电系统，即为多端直流输电系统。随着柔性直流输电工程技术的不断发展，为满足较为分散的电源或负荷侧的输电需求，也随之出现了多端柔性直流输电系统。多端直流输电系统的结构方式可分为并联、串联以及混合接线方式。串联式输电系统，换流站之间以同等级直流电流运行，功率分配通过改变直流电压来实现；并联式输电系统，换流站之间以同等直流电压运行，功率分配通过改变各换流站的电流来实现；混合式输电系统换流站之间既有串联又有并联接线方式。

考虑到未来直流输电网的实际工程应用需求，欧洲超级电网工作组（Friends of the Super grid，FOSG）在 2013 年的欧洲《Roadmap to the Supergrid Technologies》报告中提出，未来可采用 DC/DC 变换器实现不同电压等级的直流输电系统互联，形成直流电网。直流电网与多端直流的区别是直流电网具有网格结构，可提供冗余。正如交流电网需要有交流电压和功率控制一样，直流电网同样也需要具备直流电压和直流功率控制功能，并且直流输电网设备之间需要通信实现直流输电网的协调控制。

11.2 大规模新能源基地安全稳定控制技术

以风电为代表的分布式发电，对电网的正常运行、机组启停和事故处理提出了新的挑战，要从系统和经济的角度来优先考虑风电，而改进风电预报则是减少对电力系统运行和市场运营冲击的关键。

不同工况下某些风电条件会使潮流偏离计划值，风电的快速发展、集中的地域、随机的接入及有限的预测能力，都对电力系统安全有重要影响。目前对于风电并网后的稳定运行还缺少足够有效的控制措施。

风力发电是可再生能源利用中最成熟、最具规模化开发条件的技术之一。众所周知，在大容量、远距离输电方面，直流输电比交流输电更具优势。利用直流输电技术解决大规模风电远距离送电需求已成为具有广阔前景的输电方案，引起了国内外电力工作者的广泛重视。

11.2.1 风电与直流系统协调控制技术

我国风电资源主要集中在自身消纳能力较低的西北、东北地区，采用风火打捆形式通过直流系统远距离输送至中东部负荷中心。大规模新能源的随机波动性将引起弱送端电网电压、频率等稳定问题，通过直流系统跟随风电功率波动的协调控制，可以将部分风电功率波动传递至较强的受端电网，改善送端电网的安全稳定水平。

目前开展了不同送电模式如风电孤岛直流外送、风火打捆孤岛直流外送、风火打捆联网直流外送等方案的安全稳定问题研究，评估了风功率波动、送端交流线路短路等典型扰动形式对电网稳定性的影响；开展了直流控制系统参数优化，以利用直流调制功能跟随风功率波动并改善系统稳定性；开展了风电、火电及直流系统间的交互影响和协调控制技术研究。

今后将进一步结合风电、光伏、火电、水电等能源的交互影响，研究常规大容量直流的跟随送端电源功率波动的实用化协调控制技术。

柔性直流输电技术不需要外部交流系统作为支撑，无功消耗很小，而且可以实现有功和无功的解耦控制，应用范围比较灵活，可以作为跟随风功率波动的较好的直流系统外送形式。但受制于技术和成本约束，目前其最大输电功率约为1000MW，距离常规直流8000/10000MW的输送容量仍有较大差距，无法满足大规模新能源集中送出需求。适用于风电等新能源送出的大容量柔性直流技术尚有待进一步研究。

与柔性直流系统面临的问题类似，目前多端柔性直流系统多用于容量较小的多个不同类型电源、负荷之间的互联，大容量多端柔性直流技术尚有待进一步研究。

11.2.2 风电与火电协调切机控制技术

为充分利用风电等清洁能源，通常希望风火打捆能源基地尽可能运行在最大外送容量，在这种条件下，外送联络线潮流重，若遭受短路故障等大扰动冲击，失去暂态稳定的风险较大。对于风火打捆外送能源基地，系统失稳后仅切除常规火电机组难以保证系统稳定运行或切除机组代价过大，需要研究风电与火电机组协调切机措施，以较小的代价保持系统稳定运行。

目前已逐步开展风火打捆能源基地外送的风电与火电协调切机技术研究，主要包括如下方面：

（1）风电并网容量对原有火电机组切机措施量的影响。

（2）暂态过程中风电机组对风火打捆能源基地加速能量的影响，对常规火电机组故障后加速特性的影响。

（3）综合考虑功角稳定、电压稳定、薄弱断面稳定特性的风电、火电协调切机比例控制技术等。

目前该技术尚处于研究和数字仿真分析阶段，距离实用化有一定距离。

11.2.3 直流故障引发风机脱网问题的系统电压协调控制技术

一般情况下，诱发送端交流系统风电机组脱网的事故形式主要为交流系统短路故障。随着西北等送端电网风电装机规模的增大和直流外送容量的增大，直流系统发生闭锁故障或换相失败也可能导致近区大规模风电机组高压脱网。因此，需研究风电、火电、直流系统的电压无功交互影响及协调控制技术。

目前主要开展的研究内容包括以下几个方面：

（1）直流闭锁/换相失败诱发风电机组高压脱网的机理。

（2）直流故障后抑制风电机组高压脱网的措施，主要包括直流滤波电容器快速切除技术、风电机组配套动态无功补偿装置协调控制技术等。

（3）风电装机规模和直流外送规模的相互制约研究，以合理配套风电出力和直流外送容量，避免或减小直流故障引起的风机脱网问题。

（4）火电机组电压无功调节能力对风火打捆能源基地面临的上述问题的改善研究等。

目前该技术整体尚处于研究和数字仿真分析阶段，部分技术已具备现场实际应用条件。今后将继续开展直流控制保护优化等措施对解决该问题的效果研究。

11.3 后加速追加紧急控制技术

由于在快速响应的第二道防线紧急控制与在检测到不稳定状态后才起动的第三道防线校正控制之间有一定的时间间隔，以及系统连锁故障演化为电力灾难也往往要经历一系列的元件相继开断过程，因此，如能在第二、三道防线之间追加一道紧急控制措施，将有利于防止失稳现象发生，避免或者减少大范围停电损失，该措施即为电网后加速追加紧急控制措施。

目前，该技术的研究尚处于起步探索阶段，主要开展如下几方面的研究。

11.3.1 基于自记忆轨迹预测方法的电网失步预判方法

电力系统的运动方程是一个非线性动力学方程，计及发电机的励磁调节器和调速器后，功角曲线不再是正弦曲线，其变化情况比较复杂，考虑到电力系统的实际情况，功角曲线具有低频拟周期性质，即一段时间内的轨迹不平衡功率能够用三角函数拟合。

自记忆预测通过引入记忆函数，能够计及历史信息的影响，具有较高的精度和稳定性。基于电力系统微分动力方程提出了多个状态量的自记忆数值功角预测计算方案，与仅用到功角信息的三角函数预测及自回归预测相比，该预测方法还考虑了其高阶信息——角速度与相当于角加速度的不平衡功率，涉及了更多信息，比较完整地从动力学角度描述了功角变化趋势，理论上其预测结果必然更加准确。这种既基于机理上的微分动力学方程，又能记忆历史测量数据的预测方法，具有很高的预测精度和良好的稳定性，并且能够有效预测较长的时间，在可靠性和快速性两方面实现了良好折中。

11.3.2 基于失稳特征量的电网失步预判及分级定时差附加控制技术

后加速追加控制是介于电网第二、三道防线之间的控制，由于区域内部失步、电厂出口失步时间较短，难以采取后加速追加控制；对于大区电网间的失步，能够有足够的时间采取附加控制措施。

基于失稳特征量的大区电网失步预判方法及判据如下：在联络线功率波动达到最大值时，根据 d$(U_1 U_2)$/dt 的大小及方向数值以及联络线功率定值 P_d，预测系统是否需要采取附加控制措施。如果判定需要采取措施，且线路两侧 $U_1 U_2$、δ 及 dδ/dt 亦达到定值，则发出实施附加控制指令。其中，U_1、U_2、δ 分别为联络线两侧母线电压和相角差。

（1）联络线功率波动峰值 $P_{\max}$，以此作为有效附加和无效附加的判别特征量。此特征量的判别定值 P_d 主要与运行方式和网架结构相关。当联络线功率波动峰值高于此定值，则认为有足够的时间实施附加控制措施，低于此定值则认为失步速度快，不适于实施附加控制措施。

（2）联络线两侧电压乘积 $U_1 U_2$、相角差 δ 及其变化率 dδ/dt。此特征量主要是考虑在发生失稳故障后联络线功率波动到最大值时，两侧系统的电压支撑能力都严重不足，均有 $U_1 U_2 < 0.7\text{pu}$，并且联络线两侧相角差也在一个定值附近。但考虑到少数系统稳定情况下，联络线两侧电压乘积以及相角差也在此定值附近，较难明确区分，因此作为辅助判别量。

（3）联络线两侧电压乘积的变化率 d$(U_1 U_2)$/dt。对于大区电网，在发生失稳故障后联络线功率波动到最大值时，均有 d$(U_1 U_2)$/d$t < 0$，在明显失步情况下，特征量 d$(U_1 U_2)$/dt 的数值区分度较为明显。

采用该预判方法，能够较有效地对联络线失步情况进行判定，但存在少数误判情况，分析其原因是这些误判的都是处于临界稳定近区的算例，该预判方法暂时不能对这种情况进行正确判断，但如果将这种邻近临界稳定的状态归入不稳定类别，对于保证系统稳定是有好处的。

借鉴第三道防线低频减载、低压减载措施配置方案，依据实际电网运行控制和安全稳定特性，相关研究提出了分级定时差按比例实施附加控制的方法。

11.3.3　基于投影归一化能量函数的电力系统附加控制技术

投影归一化暂态能量函数（Projection Energy Function，PEF）定义为投影归一化暂态动能（Projection Kinetic Energy，PKE）和投影归一化暂态势能（Projection Potential Energy，PPE）的代数和。基于投影归一化能量函数方法，对基于能量函数的电力系统进行提取，通过理论分析和仿真方法，获得了投影归一化暂态能量函数和稳控措施切机量之间的关系。

基于投影归一化能量函数的大电网附加紧急控制策略的流程方法如下：

（1）提取数据采集与监视控制系统 SCADA/EMS 所监测区域内的电力系统实际运行状态数据信息，并确定电力系统的运行点。

（2）基于电力系统安全稳定控制中的离线控制策略表生成严重故障集 $F = \{f_k \mid k = 1, 2 \cdots n\}$，并令 $k = 1$；其中，离线控制策略表由电力系统离线控制系统预先生成，严重故障是指在该故障条件下进行离线仿真，电力系统暂态失稳或者已经到了电力系统稳定边界的故障。

（3）提取严重故障集 F 中的严重故障 f_k 并基于无离线控制策略条件进行时域仿真，计算第一最小投影动能 PKE_{min}，依据时域仿真结果判定电力系统是否保持功角暂态稳定性，如果电力系统保持稳定，进入步骤（8），否则，进入步骤（4）。

（4）确定严重故障 f_k 是否有离线紧急控制策略，如果没有，将第一最小投影动能 PKE_{min} 记为 $PKE_{min,0}$，控制措施（无稳措）记为 P0，并进入步骤（6）；否则，进入步骤（5）。

（5）基于离线紧急控制策略进行时域仿真，计算第二最小投影动能 PKE_{min}，并依据时域仿真结果判断电力系统的功角稳定性，如果电力系统保持稳定则执行步骤（7）；否则，将第二最小投影动能 PKE_{min}，记为 $PKE_{min,0}$ 相应紧急控制措施记为 P0。

（6）基于电网投影归一化能量函数的附加控制量计算方法生成在"方式失配"条件下严重故障 f_k 的附加紧急控制策略。

（7）基于电网投影归一化能量函数的附加控制量计算方法生成在"故障失配"条件下严重故障 f_k 的附加紧急控制策略。

（8）判断电力系统是否完成严重故障集 F 的故障扫描，如果完成，则将生成的所有附加紧急控制策略保留到在线预决策控制策略表中；否则，令 $k = k + 1$，并返回步骤（3）。

11.3.4　基于控制时刻角速度的电力系统附加控制技术

单机自治无穷大系统，故障后轨迹凹凸性变化的拐点是机组暂态失稳的充分必要条件，其表达式为：

$$l \cdot \Delta\omega = \mathrm{d}k/\mathrm{d}t > 0 \tag{11-1}$$

$$k = \mathrm{d}\Delta\omega / \mathrm{d}\delta \tag{11-2}$$

其中：$\Delta\omega$、δ 分别为系统的角速度偏差、角度。其离散表达式为：

$$\tau(t) = k(t) - k(t-1) \tag{11-3}$$

$$k(t) = \frac{\omega(t) - \omega(t-1)}{\delta(t) - \delta(t-1)} \tag{11-4}$$

其中：$\omega(t)$、$\delta(t)$ 分别为系统的角速度、角度。在 ω-δ 相平面内，该判据通过 $\tau(t)$ 的正、负变化快速识别系统的稳定性。当 $\tau(t)<0$ 时，相轨迹相对于稳定平衡点的几何特征是凹的，系统稳定；若某一时刻 $\tau(t)>0$，相平面轨迹从凹区域穿入凸区域，系统将失去稳定。故障后不稳定的系统轨迹，在其动态鞍点（Dynamic Saddle Point，DSP）处的角速度偏差最小，但不为 0，而稳定的系统轨迹，在其不稳定平衡点处的角速度偏差为 0。因此可以通过切机使得系统轨迹在不稳定处的角速度偏差为 0，系统恢复稳定。

对 $k(t)$ 曲线沿着功角 $\delta(t)$ 方向进行积分得到的是角速度的变化值。假设系统失稳，通过切机使得系统恢复稳定，对其 $k(t)$ 进行积分，取积分下限为切机时刻的功角，积分上限为系统的不稳定平衡点，由于系统在不稳定平衡点处的角速度偏差为 0，可以得到：

$$\int_{\delta_c}^{\delta_u} k(t)\,\mathrm{d}\delta = -\Delta\omega_{\delta_c} \tag{11-5}$$

若已知系统切机时刻、不稳定平衡点处的功角和切机时刻的角速度，采用一个恒定不变的 k' 值来代替上式中 $k(t)$，可以计算得到：

$$k' = \frac{-\Delta\omega_{\delta_c}}{\delta_u - \delta_c}$$

由发电机转子运动方程可以得到发电机角速度对功角的一阶导数 $k(t)$ 与发电机不平衡功率之间的关系：

$$k = \frac{\mathrm{d}\Delta\omega}{\mathrm{d}\delta} = \frac{\Delta P}{M\Delta\omega} \tag{11-6}$$

计算保持系统稳定所需的切机量为

$$\lambda = 1 - \frac{P_{ec}}{P_m - M} = \frac{\Delta P}{M\Delta\omega_c k'} \tag{11-7}$$

式中，P_{ec}、$\Delta\omega_c$ 分别是切机时刻 t_c 的发电机电磁功率和角速度。

使用该算法计算系统的切机量时，其他的变量均可以通过 WAMS 系统得到，但切机后的不稳定平衡点无法精确求解，可采用两种方法解决：

方案 1：认为切机后系统的不稳定平衡点没有变化，采用切机前的信息来预测系统的不稳定平衡点。

方案 2：限定系统的最大摇摆角。切机后若系统稳定，则系统在最大摇摆角处的角速度肯定为零，即将该最大摇摆角处的角速度作为控制目标。采用该方法进行切机，可以保证系统运行在一定的安全区域内。

11.4 基于响应的安全稳定控制技术

基于响应的安全稳定控制技术作为最理想的紧急控制策略方式一直是电力研究工作者追求的目标，其主要思想是在故障切除后进行快速的稳定分析来确定电力系统是否稳定，若判断系统失稳则给出相应的控制措施以保证系统的安全稳定运行。这要求稳定分析计算、控制命令传输及控制执行过程在极短的时间内完成，通常是在故障发生后大约数百毫秒内完成。这种实现方式可以对任何工况下导致系统失稳的任何故障都给出相应的稳定控制措施，达到对系统运行工况与故障的完全自适应。

目前，该技术的研究尚处于起步探索阶段，主要开展如下几方面的研究。

11.4.1 基于振荡中心响应特征的暂稳解列控制技术

基于响应的暂稳控制方案：

（1）在动态演化过程中，实时获取发电机功角、角速度电磁功率以及机械功率等响应信息，基于响应信息进行相轨迹动态特征提取、基于相轨迹特征的暂稳判别，如判定系统失稳后，则进行基于相轨迹特征的暂稳响应控制策略的制定并下发执行。重复此过程直至系统稳定。

（2）实时获取发电机功角、角速度电磁功率以及机械功率等响应信息，基于响应信息进行数据驱动型动态特征提取、建立数据驱动型判稳模型并进行稳定判别，此判据可作为相轨迹控制的辅助判据。

（3）有些严重故障情况下，如要遏制系统的失稳演化，施加的响应控制代价过大，此时可实施基于振荡中心的故障解列控制来进行故障的阻断。获取严重故障发生后动态演化的网络断面电压、相角、功率、等效阻抗角等响应轨迹信息，基于响应信息进行振荡中心特征提取、基于振荡中心特征的判稳并实施解列控制，实现阻断故障的控制目标。

上述（1）、（2）、（3）构成了完整的基于响应的暂稳控制方案。

11.4.2 基于动态响应的暂态电压稳定控制技术

基于响应的电压稳定控制方案：

（1）基于 WAMS、EMS 系统获取无功电压、有功相角等响应信息。

（2）基于多源响应信息，进行三种特征提取及判稳技术：①数据驱动型电压失稳特征提取、数据驱动型暂态电压判稳技术；②动态戴维南等值系统的电压失稳特征、基于戴维南等值的电压稳定判别技术；③直流馈入受端的动态短路比电压失稳特征、基于动态短路比的交直流混联电压稳定评估技术。三种技术适用场景、特点不一，互为补充，构成较为完整的特征提取及判稳技术，其中数据驱动型特征及判稳技术判别速度较快；动态戴维南等值系统的特征及判稳技术物理含义更清晰；动态短路比特征及稳定评估技术可适用于交直流混联场景。

（3）如电压失稳，采取基于负荷无功电压响应的低压减载控制方案，利用实时的响应信息，对传统的低压减载方案进行改进。

11.5 连锁故障识别及控制技术

随着互联电网结构的不断加强，常规的 N-1、N-2 故障已很难造成电力系统失去稳定。近年来国内外电网大面积停电事故表明，非预期的连锁性故障是引发大面积停电的关键诱因。由于大电网结构和运行方式的复杂性，现有的电力系统分析计算理论和实验方法对连锁故障引起的大型互联电网大面积停电事故的本质认识还远远不够。

目前对连锁故障的识别和大停电事故演化规律开展了大量研究工作，主要包括宏观、微观两大方面。

11.5.1 基于宏观统计特性的连锁故障分析技术

宏观研究，即从宏观上对大停电事故的统计特性进行研究，主要研究大停电事故概率在电网中的幂律分布特性。

1. 对大停电事故本身的统计概率性研究

国内外学者对大停电事故数据进行统计分析表明，大停电事故的规模同发生概率呈现幂律分布，评估大停电事故的规模可以采用电能量损失（MWh）、负荷损失（MW）及受停电影响的用户数等指标。

大停电事故概率的幂律分布表明，停电事故规模达到一定程度时，相应的发生概率并不为零，而是随故障规模的增加呈幂律下降，这与按照经典可靠性理论外推得到的概率不同。依据经典可靠性理论，假设设备间相互独立，则停电事故发生概率同事故规模服从负指数分布，停电事故发生的概率随着故障规模迅速减小，可以认为大规模停电事故的发生概率为零。因而在安全稳定评估中可以忽略大停电事故的影响，这是非常危险的。因为如果考虑大停电事故概率的幂律分布，频率较低的大规模停电事故足以同频率较高的小规模停电事故的风险相提并论，在电力系统安全稳定评估中需要加以考虑。针对大停电事故概率的幂律分布，常见的研究方法有自组织临界理论（Self-Organized Criticality，SOC）、高度最优化容限（Highly Optimized Tolerance，HOT）理论等。

针对系统的宏观研究可以从宏观角度指导系统运行，揭示大停电发展演化的机理，但上述各个模型的建立都没有对交、直流输电系统区别对待。在我国特高压交直流互联电网不断发展这一背景下，进一步从宏观的角度研究交直流混联电网连锁故障是非常必要的。

2. 对电网拓扑结构的统计特性研究

研究者将电力系统抽象为网架结构，应用复杂网络理论研究拓扑特征参数与系统行为的内在联系，探索参数变化对系统行为的影响，寻求连锁故障发生的结构根源。常见的方法有无标度网络模型、小世界网络模型等。这两个模型侧重于复杂电网的两个特征：小世界特性和无标度特性，并依据这两个特性去解释大停电事故的演化规律。

电网的无标度特性实质上指的是电网节点度分布满足幂律分布的特性，由于节点度呈现幂律分布，即电网中节点度数较大的节点会显著增加（同度分布呈泊松分布的网络相比），度数极大的节点便是电网的"核心节点"，导致电网同时具有鲁棒性和脆弱性：如果针对电网的攻击是随机的，由于大量节点只与少数节点相连，因而可以将遭受攻击的影响限制在一定的范围内；如果针对电网的攻击是蓄意的、智能的，即针对度数较大的节点进行攻击，由于节点度数较大的节点所连的节点较多，因而会扩大攻击所造成的影响。电网的无标度特性可归结为对选择性攻击的脆弱性和对随机攻击的鲁棒性。

研究指出，国内外电网均具有小世界特性。电网的小世界特性是指尽管网络规模很大，但网络中任意两个节点间却有一条相当短的路径，其数学表征为大的聚类系数和小的平均距离。聚类系数对应着故障传播的广度，聚类系数越大，故障在电网中传播的广度越宽；平均距离对应着故障传播的深度，平均距离越小，故障在电网中传播的深度越大。电网的小世界特性决定了故障在小世界电网中的传播速度和影响范围远大于相应的规则网络和随机网络。

但上述各类针对电网结构宏观研究的方法，并未区别对待交流线路与直流线路。事实上，直流线路的运行特性同交流线路大不相同，直流线路的输送功率由直流系统控制方式决定，主要由两端换流母线的电压决定，因而在某条直流线路或交流线路故障退出运行时，其余直流输电线路输送功率几乎不变，这与交流输电线路是不同的。

11.5.2 基于微观脆弱元件识别的连锁故障分析技术

微观研究，即研究大停电事故中电网元件的特性，主要研究故障后受影响较大的电网元件及电网脆弱元件的辨识。

1. 针对过载现象的微观研究

主要研究故障后哪些元件受到较大影响，常常需要考虑故障后潮流转移情况、后续故障线路同上级故障线路间的电气距离等因素，常有如下方法。

（1）完全边界法。任意支路的断开或发电机停运，必将引起全系统潮流的重新分布，但任一事件的影响以事故点为中心向外逐渐减弱。完全边界法认为离事故点电气距离三级以上的母线或支路（即该母线或支路与事故点之间相隔三条以上的支路）所受影响忽略不计。该方法只是将故障后的影响范围确定在一个较小的范围内，随着电力系统规模不断扩大，区域电网断面间的组成元件间的电气间隔可能超过上述方法的定值，可能导致该方法无法应用于大电网。

（2）基于图论的方法。首先根据实时网络拓扑结构和潮流分布状态，对初始电力网络简化、分区，形成系统状态图，并生成相应的有向图的邻接矩阵与路径矩阵，然后通过简单的矩阵运算或针对矩阵的特定搜索规则，得到与故障线路潮流方向一致的线路，通过其他指标进一步筛选可得到发生故障概率较大的线路。图论方法作为一种成熟的理论，特别适用于求解与网络图谱结构有关的问题。

（3）基于最短路径的方法。根据电路的基本理论，在电压和功率恒定的条件下，电流大小和所流经线路的阻抗成反比，因此在过载消除后，受潮流转移影响较大的支路都集中在与切除支路电气距离较近的范围内，可通过搜索过载支路两端节点间较短路径的方法来找出这些支路。如分支界限算法、基于背离路径的快速搜索算法、基于割点和路径搜索的快速识别方法等。基于最短路径的算法以交流线路电抗为基础，由于直流线路的电抗参数同交流线路的电抗参数定义不同，故无法处理交直流混联电网中潮流转移问题。

由于我国特高压混联电网不断发展，系统规模不断增大，特别是直流系统故障后对距离很远的送受端系统均可能产生较大影响，完全边界法在某些场景下无法应用。由于直流输电线路传输功率由控制方式确定，不会像交流输电线路因系统的扰动而过载；直流输电系统退出运行会导致送、受端的有功、无功功率大量剩余或短缺，对送、受端的系统造成影响，这也与交流输电线路不同。因此，在应用图论的方法、最短路径的方法和基于潮流转移的方法时如何考虑直流线路的影响值得深入研究。

2. 针对电网结构的微观研究

主要研究电网的脆弱元件，即故障后对电网的影响较大的元件，主要有介数类指标和熵类指标。

（1）介数类指标。将电网抽象为无向无权图，通过比对基于节点度数的攻击模式和基于节点介数的攻击模式对电网连通性的影响，发现电网的脆弱性与受攻击节点的类型有关，介数和度数较高的节点受到攻击时对电网的影响较大，其中针对介数大的节点的攻击对电网造成的影响大于针对度数大的节点的攻击。

（2）熵类指标。熵反映了自然界有序程度演化的规律，广泛应用于不确定性、稳定度的描述之中。电力系统的熵类指标大多采用信息熵，即用来判断系统所处状态确定性的一种概率描述，当系统处于唯一状态时，系统有序程度最高，系统熵值最小，当系统处于多种状态且各状态出现概率相等时，系统有序程度最低，系统熵值最大。目前研究的熵类指标包括节点潮流分布熵、支路潮流分布熵、系统脆性、系统脆弱度等。

综上所述，国内外已逐步重视大电网连锁故障的发生与发展过程研究，对于电力系统复杂性特征的探索、复杂电网结构稳定性及自组织临界性等方面，目前还未取得实质性进展，距离工程实用化还有很大距离。

电网故障后恢复技术

系统发生大规模停电后，系统恢复过程历时较长，短则需要几个小时，长则甚至需要几天时间，且每个时间段的恢复重点不同。从时间角度上，根据系统恢复过程在不同时间段的特点与主要恢复对象的不同，通常将整个过程分为三个阶段：黑启动、网架恢复和负荷恢复。

（1）黑启动阶段。一般历时 30~60min，首先由启动电源分别向跳闸的具有临界时间限制的电源提供启动电源，使其恢复发电能力，重新并入电网，形成一个个孤立运行的子系统。系统的启动电源可以是水轮发电机、燃气轮发电机、事故后存留在系统中的发电机（如跳闸后带自身厂用电的发电机）或解列后的孤立子系统和可提供支援的相邻系统。在这一阶段涉及的主要问题有：机组的启动和运行特性、向空载线路和变压器充电引起的自励磁和过电压问题、变压器饱和引起的并联谐振问题、大型电动机启动、孤立小系统的调频和调压问题等。该阶段是从电磁暂态过程、机电暂态过程到准稳态的恢复过程。

（2）网架恢复阶段。通常历时 3~4h，通过启动大型带基础负荷的机组及投入主要输电线路逐步恢复主网的网架，一方面加强发电厂之间的联系以提高对厂用电的供电可靠性，另一方面对一些子系统进行并列，从而建立一个稳定的网架，为下一阶段全面恢复负荷打下基础。这一阶段涉及的主要问题是避免发电机吸收的无功超过其进相能力和大量无功功率流过空载线路所产生的电压升高。有时为了吸收线路电容所产生的无功功率、降低线路的空载过电压，往往需要投入一定数量的负荷。

（3）负荷恢复阶段。当火电机组已经启动并且有一定的发电能力，而且也已建立较为稳定的网架以后，由于系统可供给的有功和无功大大增加，可以逐渐恢复负荷。这一阶段主要的问题是如何使系统频率和电压保持在允许范围之内，并且使线路不过载。由于火电机组的负荷增加速率有一定的限制，因此对负荷恢复限制最大的因素是系统频率下降不应太多（如不超过 0.5Hz），更不能引起低频减载动作。

电力直接关系到国计民生。一旦发生大面积停电事故，电力调度机构和有关电力企业要尽快恢复电网运行和电力供应，以减小对国民经济的影响，维护社会的稳定。

电网故障恢复过程包括两个主要的步骤：恢复系统控制和恢复负荷。

其中恢复系统控制是至关重要的，主要需要关心的是发电机的并网和过电压问题；恢复负荷是一个系统的、步进式的过程，需要消耗较长的时间，该过程中可能出现的问题有发电机和负荷间的功率不平衡问题、线路和变压器过载问题。

现在的情况是，运行人员缺乏系统恢复的决策支持工具，预先制定的应急预案（包括黑启动方案）与运行人员在实际电网故障中遇到的故障场景及可用的资源会有较大的差异，需要运行人员根据实际情况制定应对措施。因此，研发系统恢复控制的决策支持工具非常重要。

对 PJM（美国），NG（英国），RTE（法国），TEPCO（日本），TERNA（意大利）和 ONS（巴西）等六大电网运营商的调查表明，尽管采用不同的恢复策略，大家共同关心的问题包括：

1）如何加强对运行人员、发电商和用户进行应急处理培训。

2）如何快速可靠地识别崩溃系统的状态，判断事故的起因。

3）如何解决用于黑启动的机组的稳定性问题，直到供电恢复过程结束。

4）如何解决黑启动过程中输电线路暂态过电压和持续过电压的问题。

5）如何解决电网恢复过程中的稳态和暂态稳定性问题。

近年来，世界上大规模停电事故时有发生，除了运行设备故障、人为操作失误外，很大一部分源于自然灾害等极端外部条件。例如，我国是输电线路覆冰严重的国家之一，线路冰害事故发生的概率居世界前列；我国沿海地区的电网每年都需要应对台风造成的破坏。因此，本节从黑启动技术及后续恢复策略的研究、极端外部条件下电网恢复两方面，对电网故障恢复技术进行分析。

12.1 黑启动及后续恢复技术

黑启动是指整个系统因故障停运后，不依赖于外部系统的帮助，通过系统中具有自启动能力机组的启动，带动无自启动能力机组的启动，逐渐扩大系统恢复范围，最终实现整个系统的恢复。目前国内外研究者对电力系统黑启动恢复控制的一般规则已进行了较深入的研究，总结出了恢复过程中需要考虑的各种问题以及解决问题的各种措施和原则，对制定实际系统的恢复方案和措施有重要的指导意义。

黑启动电源的电厂的选择原则包括：尽量选择调节性能好、启动速度快、具备进相运行能力的机组；优先选用直调电厂作为启动电源，其次选用用户电源；尽量选择接入较高电压等级的电厂；选择有利于快速恢复其他电源的电厂；优选距离负荷中心近的电厂。

根据对国际六大电网运营商的调查，在这些电网中，有黑启动能力的机组分类如下：水电机组（ONS）；燃气轮机（TERNA、RTE、National Grid 和 PJM）；抽水蓄能发电机（TEPCO 和 TERNA）；传统电厂（RTE 和 National Grid）。对于有黑启动能力的机组，建议每年或定期进行黑启动计划的测试。

系统恢复过程中采用的策略，基本可划分成自下而上策略、自上而下策略以及二者混合的恢复策略。

（1）"自上而下"的恢复策略。首先采用具有较大无功调节能力的水电厂或相邻系统的支援恢复高压及可能的中压网络的供电，以最大限度地恢复事故前的电网结构，然后再逐步恢复负荷。向下恢复的方法大多数使用在没有长的高压输电线的电力系统中，或者容易从邻近的强输电电网获得支援的电力系统，或者距离系统仅有部分停电时。在崩溃的系统中至少要有一台能够黑启动的发电机。

(2) "自下而上"的恢复策略。是将原系统首先分解为若干个独立的具有黑启动能力的子系统分别恢复，最后再同步并网，对各个子系统内的恢复，还可以进一步考虑"串行"或"并行"恢复方式。向上恢复方法广泛使用在完全崩溃的电力系统中，但是这种方法很难从相邻的系统中获得帮助。电力系统通常可以分成若干个小系统，小系统中应至少有一台有黑启动能力的发电机组、基本能够平衡负荷和发电、有能力调节电压和频率。

"自下而上"和"自上而下"的本质区别在于：先恢复孤立子系统再并列运行，还是先通过恢复主网架来启动其他机组和恢复负荷。

组合的方法是将向上恢复的方法和向下恢复的方法结合起来，包括以下的步骤：恢复联系外部电源的输电系统的同时建立孤岛电网；孤岛电网之间可以互联或者有可能的话连接到外部电源。对于现代较大规模的电力系统，为提高故障后恢复的效率，常采用分区恢复的策略，区域的划分主要根据系统规模的大小、黑启动电源的容量大小以及分布地点、系统紧急备用电源的容量和位置，以及负荷在电网中的分布情况等多种因素。

输电系统恢复过程中的问题主要包括：

(1) 电网及负荷恢复过程中的频率、电压控制。系统恢复过程中，保持系统频率和电压稳定至关重要，每一步操作都应检测系统频率和重要节点电压水平，否则极易导致黑启动失败。

频率与系统有功（即机组出力）和负荷有关，控制频率涉及负荷恢复速度以及机组调速器响应和二次调频。为了保持系统稳定，需保证非自启动机组获得最多的启动功率，同时必须恢复系统负荷以保证功率平衡。

电压控制与无功有关。黑启动进程中首先必须充电空载或轻载长线路，由于分布电容存在，势必产生大量无功，造成系统电压抬高。在系统恢复中电压控制可采取的措施有：发电机高功率因数或者进相运行；对于双回路输电线只投单回线；在变电站低压侧投入电抗器、切除电容器，调整变压器分接头，增带具有滞后功率因数的负荷等。

因此，为保证黑启动初期恢复操作的顺利实施，需要对厂用负荷启动过程中的电压和频率问题进行详细的仿真研究。

(2) 防止操作过电压。操作过电压是指当断路器进行操作或发生系统故障时，电力系统从一种稳定工作状态通过振荡转变到另一种稳定工作状态的过渡过程中所产生的暂态性质的过电压。

在黑启动的初期必须对空载线路进行充电，充电路径通常是由发电机、变压器和线路组成的一条串联路径，一般情况下线路总长度较长，电压等级较高，过电压情况比较严重。过电压由两部分组成：工频过电压和操作过电压。其中，工频过电压由空载长线路的电容效应引起，为稳态过电压，一般幅值较小，相比之下操作过电压占了主导地位，虽然作用时间十分短暂，但是情况严重时会导致断路器合闸失败甚至绝缘设备被击穿，从而延误系统的恢复。

(3) 防止机组自励磁。进行黑启动，首先应有可靠的启动电源。水电机组由于具有启动速度快、调节系统特性优良等特点，是较为理想的启动电源。在黑启动初期，由启动电源向跳闸的具有临界时间限制的机组恢复供电时，往往会出现长距离输电线路联系的情况。若水电机组容量较小，就很有可能会产生自励磁问题。自励磁发生时，发电机端电压与励磁电流将出现不对应，在个别情况下，发电机电压难以控制，导致系统中个别点的电压超过允许值，危及到线路和变压器的绝缘安全。因此，自励磁的发生与否是直接关系到黑启动恢复方案是否可行的关键问题之一。

（4）黑启动初期低频振荡问题。低频振荡问题，其实质是长距离送电，系统缺乏足够的阻尼。大电网互联电抗大小与系统阻尼性能成反比，系统间电气距离越近，其阻尼性能越好；反之阻尼性能变差，易出现低频振荡，需要加以研究。

（5）初步恢复后系统稳定问题。

系统初步恢复后，网架结构还比较薄弱，整个系统容量比较小，容易受到干扰而引发稳定问题。因此，为了防止在黑启动过程中系统再次解列，就必须考虑系统此时受到大干扰的情况（所谓大扰动，是相对于小扰动而言，一般指线路故障、突然断开线路、切除大负荷或发电机跳闸等），也就是系统初步恢复后的暂态稳定的问题。如果系统受到大的扰动后仍能保持稳定运行，则系统在这种情况下是暂态稳定的；反之，如果系统受到大的扰动后不能保持稳定运行，而是各发电机转子之间相对运动，相角不断变化，导致系统的功率、电压和电流不断振荡，以至整个系统不能继续运行下去，则系统在这种情况下不能保持暂态稳定。

12.2 极端外部条件下的电网恢复技术

极端外部条件包括高温、严寒、高污秽、飓风、暴风雨、冰雪、沙尘暴和地震等自然灾害，以及恐怖袭击、战争破坏等人为因素。由于自然灾害具有突发性和不可预料性，并且对电网的影响面积往往很大，因此，研究如何预防、抵御和降低自然灾害对电网的影响，灾后快速恢复供电，是建设坚强电网、维护电力系统安全可靠运行，确保社会安定必须考虑的问题。

在引发电力系统事故的自然灾害中，暴风雨是最为常见的一种，所以关于应对暴风雨灾害的方法研究较多，而对于应对冰雪、高温和严寒等极端气候条件的研究较少。虽然这些极端气候条件出现的概率并不大，但是对电力系统的破坏非常严重。暴风雪引发的事故的共同点有：气候类型主要是冰、风或者冰与风的共同作用；气候变化通常引起负荷超过设计允许负荷；引起大量架空线路的损坏和大面积停电，持续时间有时候长达数周，造成的直接和间接经济损失很大。高温和严寒对电网的影响主要是电网负荷的快速增加。但是高温和干旱会导致火灾，从而加剧空气污染，引起输电线路发生闪络跳闸的情况，也应当引起足够重视。电力系统的震害主要集中在发电、输变电以及开关设备。因此，电力系统的抗震设防重点是厂房、设备及建筑物基础等，对于处于高烈度区的输电塔，也要重视抗震设计。

在极端的外部条件下，电网的故障一般有如下特点：

（1）故障的持续时间较长，比如暴雨、冰雪灾害等。

（2）故障通常表现为多个故障元件的被动失效。

（3）是简单故障或多重简单故障的叠加。

（4）通信不畅也是加重故障的重要原因之一。

上述特点中，前两个特点是故障恢复的困难所在，为了尽快恢复供电，需要提供良好的交通条件，充足的维修物资保障和技术保障等；第三个特点则反映了故障恢复是有规律可循的，一般不会涉及复杂的稳定问题，不会对电网的非故障部分产生很大影响；第四个特点也提供了故障恢复技术发展的一个思路和方向，建立应急的通信通道，这是加快故障恢复的重要措施。

目前在应对自然灾害的电力系统应急体系建设中已考虑应急通信系统建设、移动式供电车等应急手段。但自然灾害影响范围大，破坏能力强，该场景下电网仅能努力保证少数重要负荷的应急供电，对于大部分地区恢复供电尚需自然条件好转后尽快实现。

参 考 文 献

[1] 宋云亭，郑超，秦晓辉. 大电网结构规划 [M]. 北京：中国电力出版社，2013.

[2] 马世英，宋云亭，申旭辉，等. 短路电流控制技术及应用 [M]. 北京：中国电力出版社，2014.

[3] 宋云亭，高峰，吉平，等. 大规模新能源发电与多直流送端电网协调运行技术 [M]. 北京：中国电力出版社，2016.

[4] 杨海涛，吴国旸，宋新立，等. 电力系统安全性 [M]. 北京：中国电力出版社，2016.

[5] 周孝信，李柏青，沈力等，译. 电力系统可靠性新技术 [M]. 北京：中国电力出版社，2014.

[6] 中国电力百科全书编委会. 中国电力百科全书·电力系统卷（第二版）[M]. 北京：中国电力出版社，2001

[7] 赵畹君. 高压直流输电工程技术 [M]. 北京：中国电力出版社，2004.

[8] 周孝信，卢强，杨奇逊，等. 中国电气工程大典·电力系统工程卷 [M]. 北京：中国电力出版社，2010.

[9] 王梅义，吴竞昌，蒙定中. 大电网系统技术 [M]. 北京：水利电力出版社，1991.

[10] 周孝信，郭剑波，林集明，等. 电力系统可控串联电容补偿 [M]. 科学出版社，2009.

[11] P. M. Anderson, R. G. Farmer，《电力系统串联补偿翻译组》. 电力系统串联补偿 [M]. 中国电力出版社，2008.

[12] 王正风，许勇，鲍伟. 智能电网安全经济运行实用技术 [M]. 北京：中国水利水电出版社，2011.

[13] 袁季修.《电力系统安全稳定控制》（第一版）[M]. 北京：中国电力出版社，1996.

[14] 赵遵廉.《电力系统安全稳定导则》学习与辅导 [M]. 北京：中国电力出版社，2001.

[15] 刘振亚. 特高压电网 [M]. 北京：中国经济出版社，2005.

[16] 电力系统设计手册编委会. 电力系统设计手册 [M]. 北京：中国电力出版社，1998.

[17] 王锡凡，方万良，杜正春. 现代电力系统分析 [M]. 北京：科学出版社，2003.

[18] [美] P. M. 安德逊.《电力系统的控制与稳定》翻译组. 电力系统的控制与稳定 [M]. 北京：水利电力出版社，1979.

[19] Prabha Kundur. "Power System Stability and Control" [M]. McGraw-Hill Incorporation，1994.

[20] PRABHA KUNDUR 著，周孝信，宋永华等，译. 电力系统稳定与控制 [M]. 北京：中国电力出版社，2001.

[21] 倪以信，陈寿孙，张宝霖. 动态电力系统的理论和分析 [M]. 北京：清华大学出版社，2002.

[22] 王维俭. 发电机变压器继电保护应用 [M]. 北京：中国电力出版社，2000.

[23] 刘吉臻等，著. 新能源电力系统建模与控制 [M]. 北京：科学出版社，2015.

[24] 李文沅著，周家启，卢继平，胡小正译. 电力系统风险评估模型、方法和应用 [M]. 科学出版社，2006.

[25] 张惠勤. 电力系统规划与设计 [M]. 西安：西安交通大学出版社，1994.

[26] 孙洪波. 电力网络规划 [M]. 重庆：重庆大学出版社，1996.

[27] 程浩忠，张焰. 电力网络规划方法与应用 [M]. 上海：科学技术出版社，2002.

[28] 程浩忠. 电力系统规划 [M]. 北京：中国电力出版社，2008.

[29] 王锡凡. 电力系统规划基础 [M]. 北京：水利电力出版社，1993.

［30］王锡凡. 电力系统优化规划［M］. 北京：水利电力出版社，1990.

［31］电力工业部电力规划设计总院. 电力系统设计手册［M］. 北京：中国电力出版社，1998.

［32］宋云亭，周双喜，鲁宗相，等. 基于 GA 的发输电合成系统最优可靠性计算新方法［J］. 电网技术. 2004，28（15）：25~30.

［33］宋云亭，卜广全，鲁宗相，等. 基于自组织映射和蒙特卡罗仿真相结合的概率安全性评估新方法［J］. 电网技术. 2004，28（增刊）：25~29.

［34］冯永青，丁明，宋云亭. 电源规划概率评估软件的设计与应用［J］. 电网技术. 2004，28（4）：6~10.

［35］张瑞华，宋云亭，陈曦. 采用 SOM 进行状态筛选的大电力系统可靠性综合评估快速算法［J］. 中国电力. 2005，38（6）：12~16.

［36］ Yunting Song, Guangquan Bu, Ruihua Zhang. Method for Speeding up Probabilistic Reliability Assessment of Bulk Power System Using FSOM Neural Network［C］. Proceedings of ICEE 2005 July 10-14, 2005, Kunming, China.

［37］宋云亭，徐征雄，卜广全，等. 静动态安全性综合评估方法及其在宁夏电网的应用［J］. 中国电力. 2006，39（3）：55~60.

［38］Yunting Song, Guangquan Bu, Ruihua Zhang. A Fast Method for Probabilistic Reliability Assessment of Bulk Power System Using FSOM Neural Network as System States Filters［C］. Transmission and Distribution Conference and Exhibition：Asia and Pacific, IEEE/PES. 15-18 Aug. 2005 Page（s）：1 - 6.

［39］Yunting Song, Hailei He, Dongxia Zhang, et al. Probabilistic Security Evaluation of Bulk Power System Considering Cascading Outages［C］. Proceedings of IEEE PowerCon 2006, Chongqing, China, 2006, 22-26 October.

［40］宋云亭，吴俊玲，彭冬，等. 基于 BP 神经网络的城网供电可靠性预测方法［J］. 电网技术，2008，32（20）：56-59.

［41］Yunting Song, Zhang Dongxia, Peng Dong, et al. 11TH-Five Year Power Supply Reliability Planning for Urban Electric Power Network of China Southern Power Grid［C］. China International Conference on Electricity Distribution（CICED）2008. Guangzhou, China. 2008.

［42］宋云亭，张东霞，吴俊玲，等. 国内外城市配电网供电可靠性对比分析［J］. 电网技术. 2008，32（23）：13-18.

［43］宋云亭，张东霞，梁才浩，等. 南方电网"十一五"城市供电可靠性规划［J］. 电网技术. 2009，33（8）：48-54.

［44］Yunting Song, Shiying Ma, Lihua Wu, et al. PMU Placement Based on Power System Characteristics［C］. The 1st International Conference on SUPERGEN. April 2009. Nanjing, China.

［45］Yunting Song, Wang Quan, Zhang Wenjuan. Optimal Reliability Evaluation Method of Bulk Power System Based on IGA［C］. The 1st International Conference on SUPERGEN. April 2009. Nanjing, China.

［46］宋云亭，马世英，石雪梅，等. 安徽电网二三道防线的协调控制研究［J］. 中国电力. 2009，42（7）：15~20.

［47］Yunting Song, Quan Wang, Bing Fan, et al. Integrated Evaluation of Probabilistic Security and Probabilistic Adequacy of Bulk Power System based on Monte-Carlo Simulation［C］. Proceedings of IEEE PowerCon 2010, Hangzhou, China, 2010, 24-28 October.

［48］赵良，郭强，覃琴，等. 660kV 同塔双回直流线路与其送/受端交流系统的相互影响［J］. 电网技术. 2009，33（19）：83-86.

[49] 秦晓辉，宋云亭，赵良，等. 大电源接入系统方式的比较 [J]. 电网技术. 2009, 33（17）：64-69.

[50] 马世英，丁剑，孙华东，等. 大干扰概率电压稳定评估方法的研究 [J]. 中国电机工程学报. 2009, 29（19）：8-12.

[51] 赵良，郭强，宋云亭，等. 发电厂接入特高压系统方式研究 [J]. 电网技术. 2011, 35（3）：94-97.

[52] 宋云亭，周霄，李碧辉，等. 特高压半波长交流输电系统经济性与可靠性评估 [J]. 电网技术. 2011, 35（9）：1-6.

[53] 周霄，宋云亭，田建设，等. 750 千伏系统及大电源接入对昌吉电网影响的研究 [J]. 中国电力. 2011, 42（7）：15-20.

[54] 杨琦，马世英，宋云亭，等. 分布式电源规划方案综合评判方法 [J]. 电网技术. 2012, 36（2）：218-222.

[55] 李媛媛，邱跃丰，马世英，等. 风电机组接入对系统小干扰稳定性的影响研究 [J]. 电网技术. 2012, 36（9）：55-60.

[56] 丁剑，邱跃丰，孙华东，等. 大规模风电接入下风电机组切机措施研究 [J]. 中国电机工程学报. 2011, 31（19）：25-36.

[57] 侯耀飞，丁剑，李广凯，等. 大规模风电接入对电网电压的影响及无功补偿研究 [J]. 低压电器，2012，22：46-51.

[58] 吉平，周孝信，宋云亭，等. 区域可再生能源规划模型述评与展望 [J]. 电网技术，2013，08：2071-2079.

[59] 丁明，王伟胜，王秀丽，等. 大规模光伏发电对电力系统影响综述 [J]. 中国电机工程学报，2014，01：1-14.

[60] 彭卉，梁文举，张鑫，等. 组合电力系统概率安全性与概率充裕性综合评估 [J]. 电工电能新技术，2014，09：41-47.

[61] 彭卉，杨帆，赵书强，等. 新技术对发输电系统元件可靠性模型的影响研究综述 [J]. 中国电力，2014，05：64-71.

[62] 丁剑，马世英，吴丽华，等. 长距离输电型电网振荡中心分布及解列措施 [J]. 电力系统自动化，2015，10：186-191.

[63] 李东，丁剑，王正风，等. 移相变压器的研究现状及工程应用 [J]. 智能电网，2015，07：608-616.

[64] 张放，程林，黎雄，等. 广域闭环控制系统时延的测量及建模（一）：通信时延及操作时延 [J]. 中国电机工程学报，2015，22：5768-5777.

[65] 张放，程林，黎雄，等. 广域闭环控制系统时延的测量及建模（二）：闭环时延 [J]. 中国电机工程学报，2015，23：5995-6002.

[66] 王梦，丁剑，吴国旸，等. 考虑核电接入的大电网严重故障下孤网高频问题及协调控制措施 [J]. 电力自动化设备，2015，12：101-107.

[67] 陈赟，陈得治，马世英，等. 风光火打捆交直流外送系统的高频切机方案研究 [J]. 电网技术，2016，01：186-192.

[68] 宋云亭，郭永基，张瑞华. 基于电磁暂态仿真的电压骤降概率评估新方法 [J]. 清华大学学报，2003，43（9）：1177-1180.

[69] 宋云亭，郭永基，程林. 大规模发输电系统充裕度评估的蒙特卡罗仿真 [J]. 电网技术，2003，27

（8）：24-28.

[70] 宋云亭，郭永基，盛维兰，等. T核电站失去外部电力的概率评估 [J]. 中国电力，2002，35（12）：26-29.

[71] 宋云亭，郭永基. 发电系统中多蓄能电站的建模 [J]. 继电器，2002，30（2）：10-12.

[72] 宋云亭，郭永基，程林. 电力系统可靠性基本数据的统计分析 [J]. 继电器，2002，30（7）：14-16.

[73] 张瑞华，宋云亭. 基于蒙特卡罗仿真和电压安全约束的无功优化算法. 电力系统自动化 [J]，2002，26（7）：23-27.

[74] 宋云亭，张瑞华. 电力系统可视化仿真软件——POWER WORLD [J]. 电力建设，2002，23（3）：52-53.

[75] 宋云亭，张瑞华. 电力市场环境下蓄能电站的运行效益评估 [J]. 电力自动化设备，2002，22（9）：27-30.

[76] Ruihua Zhang, Yunting Song, Luguang Yan, et al. Optimal Reliability of Composite Power Systems Using Genetic Algorithms [C]. Proceedings of IEEE PowerCon2002, Kunming, China, 2002, Vol. 4：2057-2061.

[77] 宋云亭，郭永基，鲁宗相. 改进的概率稳定评估方法及其应用 [J]. 电网技术，2003，27（3）：23-27.

[78] 宋云亭，郭永基，张瑞华. 电压骤降和瞬时供电中断概率评估的蒙特卡罗仿真 [J]. 电力系统自动化，2003，27（18）：47-51.

[79] 宋云亭，郭永基，鲁宗相，等. 田湾核电站失去外电源的概率风险评估 [J]. 核动力工程，2003，24（5）：478-481.

[80] Ruihua Zhang, Yunting Song, Luguang Yan, et al. Monte-Carlo Simulation Approach to Probabilistic Assessment of Power Quality. Proceedings of the 2003 International Conference on Electrical Machines and Systems [C]. ICEMS2003 November 8-11, 2003, Beijing, China.

[81] 宋云亭，丁明，曹钢，等. 调峰电源的概率评价方法及其应用 [J]. 中国电力，1999，32（11）：40-43.

[82] 丁明，戴仁昶，刘亚成，等. 概率稳定性的蒙特卡罗仿真 [J]. 清华大学学报，1999，39（3）：79-83.

[83] 刘亚成，丁明，宋云亭. 概率短路计算的蒙特卡罗仿真 [J]. 合肥工业大学学报，1999，22（1）：66-71.

[84] 姚良忠，吴婧，王志冰，等. 未来高压直流电网发展形态分析 [J]. 中国电机工程学报，2014，34（34）：6007-6020.

[85] 汤广福，贺之渊，庞辉. 柔性直流输电工程技术研究、应用及发展 [J]. 电力系统自动化，2013，37（15）：3-14.

[86] 唐晓骏，程振龙，张鑫，等. 应对大范围潮流转移的在线电压稳定判别指标 [J]. 电力系统及其自动化学报，2015，27（8）：43-48.

[87] 郭小江，马世英，申洪，等. 大规模风电直流外送方案与系统稳定控制策略 [J]. 电力系统自动化，2012，36（15）：107-115.

[88] 屠竞哲，张健，刘明松，等. 风火打捆直流外送系统直流故障引发风机脱网的问题研究 [J]. 电网技术，2015，39（12）：3333-3338.

[89] 徐式蕴，吴萍，赵兵，等. 提升风火打捆哈郑特高压直流风电消纳能力的安全稳定控制措施研究

[J]. 电工技术学报, 2015, 30 (13): 92-99.

[90] 陈树勇, 陈会员, 唐晓骏, 等. 风火打捆外送系统暂态稳定切机控制 [J]. 电网技术, 2013, 37 (2): 514-519.

[91] Huaiyuan Wang, Baohui Zhang, Songhao Yang, et al. Closed-loop Control System Based on the Trajectory Information [C]. Proceedings of 2013 3rd International Conference on Electric and Electronics (EEIC 2013), 372-375.

[92] Songhao Yang, Baohui Zhang, Huaiyuan Wang, et al. Transient Stability Detection Scheme Based on the Trajectory Convexity for Multi-Machine Power System [C]. Proceedings of 2013 3rd International Conference on Electric and Electronics (EEIC 2013), 380-383.

[93] 孔祥玉, 赵帅, 房大中, 等. 能量函数方法在大电网追加紧急控制中的应用 [J]. 电力系统及其自动化学报, 2014, 26 (1): 8-12.

[94] 王亚俊, 王波, 唐飞, 等. 基于响应轨迹和核心向量机的电力系统在线暂态稳定评估 [J]. 中国电机工程学报, 2014, 34 (19): 3178-3186.

[95] 王怀远, 张保会, 杨松浩, 等. 基于切机时刻角速度的切机方法 [C]. 第27届中国控制与决策会议论文集, 6280-6283.

[96] 张维煜, 朱熀秋. 飞轮储能关键技术及其发展现状 [J]. 电工技术学报, 2011, 26 (7): 141-146.

[97] 张新宾, 储江伟, 李洪亮, 等. 飞轮储能系统关键技术及其研究现状 [J]. 储能科学与技术, 2015, 4 (1): 55-60.

[98] 艾欣, 董春发. 储能技术在新能源电力系统中的研究综述 [J]. 现代电力, 2015, 32 (5): 1-9.

[99] 戴兴建, 邓占峰, 刘刚. 大容量先进飞轮储能电源技术发展状况 [J]. 电工技术学报, 2011, 26 (7): 133-140.

[100] 戴兴建, 于涵, 李奕良. 飞轮储能系统充放电效率实验研究 [J]. 电工技术学报, 2009, 24 (3): 20-24.

[101] 关根志, 左小琼, 贾建平. 核能发电技术 [J]. 水电与新能源, 2012, (1): 7-9.

[102] 王子琦, 张水喜, 苏高峰. 可再生能源发电技术与应用瓶颈 [M]. 中国水利水电出版社, 2013.

[103] 陈静, 刘建忠, 沈望俊, 等. 太阳能热发电系统的研究现状综述 [J]. 热力发电, 2012, 41 (4): 17-22.

[104] 袁建丽, 林汝谋, 金红光, 等. 太阳能热发电系统与分类 (1) [J]. 太阳能, 2007, (4): 30-33.

[105] 余耀, 孙华, 许俊斌, 等. 压缩空气储能技术综述 [J]. 装备机械, 2013, (1): 68-74.

[106] 中国科学院工程热物理研究所. 国际电力储能技术分析 (二) ——压缩空气储能 [DB/OL]. http://www. etp. ac. cn/hdzt/135zl/ghssdt/dgmkqcnjs/201206/t20120629_ 3606989. html [2012-06-29].

[107] 许鹏, 侯金明, 范登阔. 基于双二极管模型的光伏阵列模型优化设计 [J]. 计算机仿真, 2013, 30 (11): 71-75.

[108] 中国核能行业协会. 中国核能行业协会发布我国2016年核电运行报告 [DB/OL]. http://www. sastind. gov. cn/n112/n117/c6778563/content. html. [2017-02-09].

[109] 中国产业信息网. 2016年中国核电发电量、核电装机容量及核电机组数量统计 [DB/OL]. http://www. chyxx. com/industry/201608/436575. html. [2016-08-08].

[110] 李启明, 郑建涛, 徐海卫, 等. 线性菲涅尔式太阳能热发电技术发展概况 [J]. 太阳能, 2012, 7: 41-45.

[111] 吕辉，代金梅，盛飞，等. 聚光太阳能光伏模组等效电路模型及参数提取 [J]. 太阳能学报，2015，36（4）：865-870.

[112] 程时杰，文劲宇，孙海顺. 储能技术在现代电力系统中的应用 [J]. 电气应用，2005，24（4）：1-6.

[113] 任丽，唐跃进，石晶. 高温超导磁储能系统的电流引线及其绝缘与导热结构 [J]. 低温物理学报，2006，28（4）：334-339.

[114] Yan Li，Shijie Cheng. Controllable damping characteristics of SMES fed by a voltage source converter and its application in a power system [C]. Transimission and Distribution Conference and Exposition，2003 IEEE PES，Sept. 2003：664-668.

[115] Yan Li，Shijie Cheng，Yuejin Tang，et al. Characteristics of SMES fed by a voltage source converter and its robust control in power system [C]. Transmission and Distribution Conference and Exposition 2002：Asia Pacific. 2002 IEEE PES，Oct. 2002：2326-2331.

[116] 郑丽，马维新，李立春. 超导储能装置提高电力系统暂态稳定性的研究 [J]. 清华大学学报自然科学版，2001，41（3）：73-76.

[117] 周双喜，吴一畏，吴俊玲，等. 超导储能装置用于改善暂态电压稳定性的研究 [J]. 电网技术，2004，28（2）：1-5.

[118] 陈星莺，刘孟觉，单渊达. 超导储能单元在并网型风力发电系统的应用 [J]. 中国电机工程学报，2001，21（2）：63-66.

[119] 耿晓超，朱全友，郭昊，等. 储能技术在电力系统中的应用 [J]. 智能电网，2016，4（1）：54-59.

[120] 张文亮，丘明，来小康. 储能技术在电力系统中的应用 [J]. 电网技术，2008，32（7）：1-9.

[121] 苏小林，李丹丹，阎晓霞，等. 储能技术在电力系统中的应用分析 [J]. 电力建设，2016，37（8）：24-32.

[122] 叶季蕾，薛金花，王伟，等. 储能技术在电力系统中的应用现状与前景 [J]. 中国电力，2014，47（3）：1-5.

[123] 国家电网公司"电网新技术前景研究"项目咨询组. 大规模储能技术在电力系统中的应用前景分析 [J]. 电力系统自动化，2013，37（1）：3-8.

[124] 方彤，王乾坤，周原冰. 电池储能技术在电力系统中的应用评价及发展建议 [J]. 能源技术经济，2011，23（11）：32-36.

[125] 刘世念，苏伟，魏增福. 化学储能技术在电力系统中的应用效果评价分析 [J]. 可再生能源，2013，31（1）：105-108.

[126] 李然. 飞轮储能技术在电力系统中的应用和推广 [J]. 电气时代，2017，（6）：40-42.

[127] 吴盛军，徐青山，袁晓冬，等. 规模化储能技术在电力系统中的需求与应用分析 [J]. 电气工程学报，2017，12（8）：10-15.

[128] 樊冬梅. 超导储能提高电力系统暂态稳定性理论探讨 [J]. 电网与清洁能源，2010，26（3）：20-24.

[129] 樊冬梅，雷金勇，甘德强. 超导储能装置在提高电力系统暂态稳定性中的应用 [J]. 电网技术，2008，32（18）：82-86.

[130] 诸嘉慧，程强，杨斌. 电压型高温超导储能系统变流器设计与试验 [J]. 电力自动化设备，2011，31（2）：119-123.

[131] 诸嘉慧，杨斌，程强，等. 高温超导储能变流器的 LC 阻尼滤波器设计 [J]. 电工电能新技术，

2010，20（2）：25-28.

[132] 程强，诸嘉慧，方进. 硬件锁相技术在高温超导功率变换器中的应用［J］. 电力电子技术，2009，43（8）：73-74.

[133] 李君，徐德鸿，郑家伟，等. 超导储能系统用多模块电流型变流器载波轮换均流方法［J］. 中国电机工程学报，2004，24（7）：106-110.

[134] 史云鹏，李君，徐德鸿，等. 超导储能系统用四模块组合变流器功率控制设计和实验研究［J］. 中国电机工程学报，2006，26（21）：160-165.

[135] 李月，张晓冬. 超级电容模型的递推增广最小二乘辨识［J］. 电子设计工程，2015，23（2）：51-53.

[136] Kenosha Takeshi，Koi Akimbo，Kiamichi，et al. Fundamental study on energy storage system for DC electric railway system［C］. Power Conversion Conference. PCC-Osaka 2002：1456-1459.

[137] Spikes RL，Nell's R M. Classical equivalent circuit parameters for a double-layer capacitor［J］. IEEE Trans on Aerospace and Electronic Systems，2000，26（3）：829-836.

[138] Cascade D，Grand G，Rossi C. A super capacitor-based power conditioning system for power quality improvement and uninterruptible power supply［C］. Industrial Electronics，2002，Proceedings of the 2002 IEEE International Symposium，July 8-11，4：1247-1252.

[139] 赵洋，韦莉，张逸成，等. 基于粒子群优化的超级电容器模型结构与参数辨识［J］. 中国电机工程学报，2012，32（5）：155-161.

[140] 孙家南，赵洋，张逸成. 基于系统辨识的电化学超级电容器建［J］. 模高压电器，2012（9）：16-21.

[141] 邓姣艳，朱远乐，吴迪. 基于双向半桥DC-DC的超级电容器储能系统仿真研究［J］. 变频器世界，2012，（12）：58-62.

[142] 李辉，李文，刘栋，等. 可调导叶对多级再热向心涡轮特性影响分析［J］. 中国电机工程学报，2016，36（22）：6180-6186.

[143] 刘畅，徐玉杰，胡珊，等. 压缩空气储能电站技术经济性分析［J］. 储能科学与技术，2015，4（2）：158-168.

[144] 王成山，武震，杨献莘，等. 基于微型压缩空气储能的混合储能系统建模与实验验证［J］. 电力系统自动化，2014，38（23）：22-26.

[145] 田崇翼，张承慧，李珂，等. 含压缩空气储能的微网复合储能技术及其成本分析［J］. 电力系统自动化，2015，39（10）：36-41.

[146] 徐玉杰，陈海生，刘佳，等. 风光互补的压缩空气储能与发电一体化系统特性分析［J］. 中国电机工程学报，2012，32（20）：88-95.

[147] 黄先进，郝瑞祥，张立伟，等. 液气循环压缩空气储能系统建模与压缩效率优化控制［J］. 中国电机工程学报，2014，34（13）：2047-2054.

[148] 王敏黛，郭清海，严维德，等. 青海共和盆地中低温地热流体发电［J］. 地球科学—中国地质大学学报，2014，39（9）：1317-1322.

[149] 王辉涛，王华，葛众，等. 中低温地热发电有机朗肯循环工质的选择［J］. 昆明理工大学学报（自然科学版），2012，37（1）：41-46.

[150] 龚宇烈，吴治坚，马伟斌，等. 中低温地热发电热力循环系统分析［C］. 地热能的战略开发——2009国际地热协会西太平洋分会地热研讨会，2009：191-196.

[151] 朱家玲，李太禄，付文成，等. 中低温地热发电循环效率的分析与研究［C］. 地热能开发利用与

低碳经济研讨会——第十三届中国科协年会，2011：165-170.

［152］严雨林，王怀信，郭涛. 中低温地热发电有机朗肯循环系统性能的实验研究［C］. 太阳能学报，2013，34（8）：1360-1365.

［153］王怀信，王大彪，张圣君. 低温有机朗肯循环系统参数的理论与实验优化［J］. 天津大学学报（自然科学与工程技术版）. 2014，47（5）：408-413.

［154］Zhang S. J., Wang H. X., Guo T., Experimental investigation of moderately high temperature water source heat pump with non-azeotropic refrigerant mixtures［J］. Applied Energy, 2010, 87（5）：1554 – 1561.

［155］Zhang S. J., Wang H. X., Guo T., Evaluation of non-azeotropic mixtures containing HFOs as potential refrigerants in refrigeration and high-temperature heat pump systems［J］, Science in China Series E：Technological Sciences, 2010, 53（7）：1855 – 1861.

［156］Zhang S. J., Wang H. X., Guo T., Performance comparison and parametric optimization of subcritical Organic Rankine Cycle（ORC）and transcritical power cycle system for low-temperature geothermal power generation［J］, Applied Energy, 2011, 88：2740 – 2754.

［157］Zhang S. J., Wang H. X., Guo T., Chen C, Performance Simulation and Experimental Testing of Moderately High Temperature Heat Pump Using Non-azeotropic Mixture for Geothermal District heating［C］. Proceedings of Asia-Pacific Power and Energy Engineering Conference, Chengdu, China, 2010.

［158］张圣君，王怀信，郭涛，两级压缩高温热泵系统工质的理论研究［J］，工程热物理学报，2010，31（10）：1635-1638.

［159］Zhang S. J., Wang H. X., Guo T., Yin S. H. Theoretical investigation on the working fluids of transcritical power cycle using low-temperature heat sources［C］. Proceedings of International Conference on Electrical and Control Engineering, Wuhan, China, 2010.

［160］张圣君，王怀信，郭涛. 低温热源有机朗肯循环（ORC）系统经济性研究［C］：中国工程热物理学会工程热力学与能源利用学术会议论文集，武汉，2011.

［161］张圣君，王怀信，郭涛. 低温地热发电跨临界 ORC 与亚临界 ORC 的系统经济性分析［C］：中国工程热物理学会工程热力学与能源利用学术会议论文集，南京，2010.

［162］张圣君，王怀信，郭涛. 几种中高温热泵工质的理论循环性能与实验研究［C］：中国工程热物理学会工程热力学与能源利用学术会议论文集，大连，2009.

［163］张圣君，王怀信，郭涛. 两级压缩中高温热泵系统工质的理论研究，中国工程热物理学会工程热力学与能源利用学术会议论文集［C］：大连，2009.

［164］张圣君，王怀信，郭涛. 废热源驱动的有机朗肯循环工质的研究［C］：中国工程热物理学会工程热力学与能源利用学术会议论文集，天津，2008.

［165］Guo T., Wang H. X., Zhang S. J., Comparative analysis of natural and conventional working fluids for use in transcritical Rankine cycle using low-temperature geothermal source［J］, International Journal of Energy Research, 2011, 35（6）：530-544.

［166］Guo T., Wang H. X., Zhang S. J., Selection of working fluids for a novel low – temperature geothermally-powered ORC based cogeneration system［J］. Energy Conversion and Management, 2011, 52（6）：2384-2391.

［167］Guo T., Wang H. X., Zhang S. J., Fluids and parameters optimization for a novel cogeneration system driven by low-temperature geothermal sources［J］. Energy, 2011, 36（5）：2639-2649.

［168］Guo T., Wang H. X., Zhang S. J., Comparative analysis of CO_2-based transcritical Rankine cycle and HFC245fa-based subcritical organic Rankine cycle（ORC）using low-temperature geothermal source

［J］, Science in China Series E: Technological Sciences, 2010, 53（6）: 1869-1900.

［169］Guo T., Wang H. X., Zhang S. J., Working fluids of a low-temperature geothermally-powered Rankine cycle for combined power and heat generation system［J］. SCIENCE CHINA Technological Sciences, 2010, 53（11）: 3072-3078.

［170］Guo T., Wang H. X., Zhang S. J., Fluid selection for a low-temperature geothermal organic Rankine cycle by energy and exergy［C］. Asia-Pacific Power and Energy Engineering Conference, 2010.

［171］Jingfu Wang, Yong Zhang, Wei Wang, ET AL. Comparative Analysis of Electric Power and Steam Loss Rate between Single Flash and Binary Geothermal Power System with Single Screw Expander. Advanced Materials Research［C］. 2011 International Conference on Energy, Environment and Sustainable Development, Shanghai, October 21-23, 2011. Germany, Trans Tech Publications, 2012: 325-328.

［172］Li T L, Zhu J L, Zhang W. Cascade utilization of low temperature geothermal water in oilfield combined power generation, gathering heat tracing and oil recovery［J］. Applied Thermal Engineering, 2012, 40: 27-35.

［173］Li T L, Zhu J L, Zhang W. Comparative analysis of series and parallel geothermal systems combined power, heat and oil recovery in oilfield［J］. Applied Thermal Engineering, 2013, 50: 1132-1141.

［174］Li T L, Zhu J L, Zhang W. Performance analysis and improvement of geothermal binary cycle power plant in oilfield［J］. Journal of Central South University, 2013, 20: 457-465.

［175］Li T L, Zhu J L, Zhang W, Li J. Thermodynamic optimization of a neoteric geothermal poly-generation system in an oilfield［J］. International Journal of Energy Research, 2013, 37: 1939-1951.

［176］Li T L, Zhu J L, Zhang W. Arrangement strategy of ground heat exchanger with groundwater［J］. Transactions of Tianjin University, 2012, 18: 291-297.

［177］Bin Yang, Jun Zhao, Suzhen Lu, Optimum analysis of energy conversion for solar water heating system［C］, Proceedings of the 2010 International Conference on Electrical and Control Engineering, 2010: 5380-5383.

［178］Bin Yang, Jun Zhao, Trnsys simulation and experimental study on solar heating system integrated high-rise building［C］, Renewable Energy 2010 International Conference, Yokahama, Japan, 2010.

［179］李铁, 张璟, 唐大伟. 太阳能斯特林机用新型吸热器的设计与模拟［J］. 工程热物理学报, 2010, 31（3）: 451-453.

［180］B. Kongtragool and S. Wongwises. A four power-piston low-temperature differential Stirling engine using simulated solar energy as a heat source［J］. Solar Energy, 2008, 82: 493-500.

［181］A. R. Tavakolpour, A. Zomorodian and A. A. Golneshan, et al. Simulation construction and testing of a two-cylinder solar Stirling engine powered by flat-plate solar collector without regenerator［J］. Renewable Energy, 2008, 33: 77-87.

［182］I. Tlili, Y. Timoumi, S. B. Nasrallah. Analysis and design consideration of mean temperature differential Stirling engine for solar application［J］. Renewable Energy, 2008, 33: 1911-1921.

［183］宿建峰, 韩巍, 金红光. 结合双效吸收式热泵的新型海水淡化系统［J］. 工程热物理学报, 2008, 29（3）: 377-380.

［184］宿建峰, 韩巍, 林汝谋, 等. 双级蓄热与双运行模式的塔式太阳能热发电系统［J］. 热能动力工程, 2009, 24（1）: 122-137.

［185］赵志华, 刘剑军. 国内太阳能热发电技术发展与应用现状太阳能［J］. 太阳能, 2013,（24）: 29-32.

[186] Chandan, Ashish K, Subhash C, et al. Assessment of solar thermal power generation potential in India [J]. Renewable and Sustainable Energy Reviews, 2015, 42: 902-912.

[187] Zhang H L, Baeyens J. Concentrated solar power plants: Review and design methodology [J]. Renewable and Sustainable Energy Reviews, 2013, 22: 461-481.

[188] 袁建丽, 韩巍, 金红光, 等. 新型塔式太阳能热发电系统集成研究 [J]. 中国电机工程学报, 2010, 30 (29): 115-121.

[189] 刘静静, 杨帆, 金以明. 太阳能热发电系统的研究开发现状 [J]. 电力与能源, 2012, 33 (6): 573-576.

[190] 周鹏, 刘启斌, 彭烁, 等. 一种太阳能与生物质能互补发电系统 [J]. 工程热物理学报, 2014, 35 (4): 623-627.

[191] Eter A, Sheu E, Mitsos A, et al. A review of hybrid solar fossil fuel power generation systems and performance metrics [J]. Journal of Solar Energy Engineering, 2012, 134 (4): 41-46.

[192] 李大中, 韩璞, 张瑞祥, 等. 生物质气化过程的神经网络模型拟合方法 [J]. 太阳能学报, 2008, 29 (5): 539-543.

[193] 李大中, 张瑞祥, 包立公. 生物质发电气化过程的机理建模分析 [J]. 可再生能源, 2007, 25 (3): 39-42.

[194] 李大中, 王红梅, 韩璞. 流化床生物质气化动力学模型建立 [J]. 华北电力大学学报, 2008, 35 (1): 4-8.

[195] 周建斌, 周秉亮, 马欢欢. 生物质气化多联产技术的集成创新与应用 [J]. 林业工程学报, 2016, 1 (2): 1-8.

[196] 兰维娟, 李惟毅, 陈冠益, 等. 基于 Gibbs 自由能最小化原理的生物质催化气化模拟 [J]. 太阳能学报, 2014, 35 (12): 2530-2534.

[197] 周刚, 伊雄鹰. 核动力仿真技术及其发展 [J]. 原子能科学技术, 2006, 40: 23-29.

[198] 冷杉. 秦山 300MW 核电站全范围仿真机 [J]. 中国电机工程学报, 1997, 17 (1): 48-53.

[199] 陈捷. 秦山核电站 300MW 机组全范围仿真机综述. 核动力工程 [J]. 2001, 22 (6): 563-566.

[200] Ichikawa T, Inoue T. Light water reactor plant modeling for power system dynamic simulation [J]. IEEE Transactions on power system, 1988, 3 (2): 463-471.

[201] Inoue T, Ichikawa T, Kundur P, et al. Nuclear plant models for medium- to long-term power system stability studies [J]. IEEE Transactions on power system, 1995, 10 (1): 141-148.

[202] 张学成, 胡学浩, 周修铭, 等. 具有核电模型的中期动态模拟程序开发及大型核电站与电力系统相互影响的研究 [J]. 电网技术, 1995, 10 (2): 5-10.

[203] 周修铭, 干福麟, 衷文华, 等. 适用于分析大扰动下机网相互影响的压水堆核电站数学模型研究 [J]. 核动力工程, 1996, 17 (1): 6-12.

[204] 张学成. 用于电力系统动态模拟的压水堆核电站数学模型 [J]. 电网技术, 1990, 11 (4): 71-77.

[205] 熊莉, 刘涤尘, 赵洁, 等. 大型核电站的建模及接入电网的相互影响 [J]. 电力自动化设备, 2011, 31 (5): 10-14.

[206] 赵洁, 刘涤尘, 欧阳利平, 等. 大型压水堆核电机组与电网相互影响机制的研究 [J]. 中国电机工程学报, 2012, 32 (1): 64-70.

[207] 赵洁, 刘涤尘, 吴耀文. 压水堆核电厂接入电力系统建模 [J]. 中国电机工程学报, 2009, 29 (31): 8-13.

[208] 苏耿，林萌，杨燕华，等. 核电厂汽轮机详细数值建模研究及其瞬态分析 [J]. 核动力工程，2010，31（1）：122-126.

[209] 黄岳峰，徐政. 电力系统不同过程仿真中的核电机组数学模型研究 [J]. 机电工程，2013，30（12）：1546-1549.

[210] Yuefeng Huang, Zheng Xu. Research on mathematical model of nuclear power plant for different processes in the power system simulation [C]. ICREET 2013 Conference, Ji Lin, China, 2013.

[211] 谭金，黄岳峰，徐政. 基于 Matlab-Simulink 的详细核电机组数学模型研究 [J]. 中国电力，2013，46（7）：18-23.